普通高等教育"十二五"部委级规划教材（高职高专）

专业认知与职业规划系列教材

U0747622

专业认知与职业规划

（建筑工程与技术类）

江苏工程职业技术学院　组织编写

徐　红　主　编

袁东进　王宇辉　副主编

中国纺织出版社

内 容 提 要

本教材属于普通高等教育"十二五"部委级规划教材（高职高专），以提升学生学习内动力和职业能力为出发点，依据高等职业教育土建类专业人才培养目标，紧密结合当前社会经济发展对建筑工程施工现场专业技术人员的岗位要求，以精炼的理论叙述和大量鲜活的案例阐述了行业现状、职业岗位职责、专业学习目标、专业学习方法，以及职场规划等相关内容，帮助学生树立职业意识，全面认识自我，坚定成功信念，设计完美人生。

全书共分四个专题，即了解行业、感知职业、认知专业、职业规划，帮助学生了解专业背景，了解专业学习环境与学习目标，明晰专业素质技能要求，合理规划课程学习以及进行自我职业规划，为进入职业生涯做好铺垫。

本书贴近职业岗位和专业，体现了以就业为导向的思想，内容上力求简明，实用性较强，是建筑工程技术专业"专业认知与职业规划"课程的配套用书，也可作为相近专业的高职新生的参考书。

图书在版编目（CIP）数据

专业认知与职业规划：建筑工程与技术类 / 徐红主编 . — 北京：中国纺织出版社，2014.11（2024.9 重印）
普通高等教育"十二五"部委级规划教材 . 高职高专
ISBN 978-7-5180-0882-7

Ⅰ . ①专…　　Ⅱ . ①徐…　　Ⅲ . ①建筑工程—职业选择—高等职业教育—教材　　Ⅳ . ① TU

中国版本图书馆 CIP 数据核字（2014）第 186827 号

策划编辑：张晓蕾　　责任校对：楼旭红
责任设计：何　建　　责任印制：何　建

中国纺织出版社出版发行
地址：北京市朝阳区百子湾东里A407号楼　　邮政编码：100124
销售电话：010 — 67004422　传真：010 — 87155801
http://www.c-textilep.com
中国纺织出版社天猫旗舰店
官方微博 http://weibo.com / 2119887771
北京虎彩文化传播有限公司印刷　各地新华书店经销
2024年9月第7次印刷
开本：787 × 1092　1/16　印张：9.375
字数：177千字　定价：30.00元

编　委　会

出版者的话

《国家中长期教育改革和发展规划纲要》（简称《纲要》）中提出"要大力发展职业教育"。职业教育要"把提高质量作为重点。以服务为宗旨，以就业为导向，推进教育教学改革。实行工学结合、校企合作、顶岗实习的人才培养模式"。为全面贯彻落实《纲要》，中国纺织服装教育学会协同中国纺织出版社，认真组织制订"十二五"部委级教材规划，组织专家对各院校上报的"十二五"规划教材选题进行认真评选，力求使教材出版与教学改革和课程建设发展相适应，并对项目式教学模式的配套教材进行了探索，充分体现职业技能培养的特点。在教材的编写上重视实践和实训环节内容，使教材内容具有以下三个特点：

（1）围绕一个核心——育人目标。根据教育规律和课程设置特点，从培养学生学习兴趣和提高职业技能入手，教材内容围绕生产实际和教学需要展开，形式上力求突出重点，强调实践。附有课程设置指导，并于章首介绍本章知识点、重点、难点及专业技能，章后附形式多样的思考题等，提高教材的可读性，增加学生学习兴趣和自学能力。

（2）突出一个环节——实践环节。教材出版突出高职教育和应用性学科的特点，注重理论与生产实践的结合，有针对性地设置教材内容，增加实践、实验内容，并通过多媒体等形式，直观反映生产实践的最新成果。

（3）实现一个立体——开发立体化教材体系。充分利用现代教育技术手段，构建数字教育资源平台，开发教学课件、音像制品、素材库、试题库等多种立体化的配套教材，以直观的形式和丰富的表达充分展现教学内容。

教材出版是教育发展中的重要组成部分，为出版高质量的教材，出版社严格甄选作者，组织专家评审，并对出版全过程进行跟踪，及时了解教材编写进度、编写质量，力求做到作者权威、编辑专业、审读严格、精品出版。我们愿与各院校一起，共同探讨、完善教材出版，不断推出精品教材，以适应我国职业教育的发展要求。

中国纺织出版社

教材出版中心

校长寄语

　　新生们告别紧张繁忙的中学生活的同时，也踏上了接受高等职业教育的新里程，开始了职业技能和职业素质训练的新生活。准备迎接未来社会生活，特别是职业生活的挑战，这其中，最基本的技能便是进行专业认知与职业规划。

　　作为高职院校的一名新生，进入大学后，特别渴望了解所选专业的几个主要问题，即这个专业都教授什么？学了以后有什么用？应该怎么学，未来如何运用？将来可以做什么，能够做什么？也就是说，将来可以从事何种职业、有何职业选择与成就、今后的发展如何等。这些问题，事关高职学生将来的事业发展与自身成长，自然会引起同学们的高度重视。

　　"专业建设无疑是高职学校内涵建设的核心内容，也是高职学校建设和发展的立足点。……学校设置一个专业，首先应该明确开设的理由（社会需求）、人才培养的规格（办学定位）、育人的软硬件条件（培养能力）以及专业发展未来的愿景（规划目标）。……学生进入这样的专业，一年级时挖掘出职业乐趣，期待成为毕业生；二年级时建立职业认同感，渴望成为从业者；三年级时形成职业归属感，立志成为行业企业接班人。……专业、学校会是他们一生的平台。"（范唯语）

　　在高职学校办学与学生择业竞争激烈的今天，作为教师，我们应该精心考量"专业如何与产业对接？如何健康成长、可持续发展而不是短命低效"等问题，还应该深思"专业如何具备行业气质？如何成为学生就业的引擎"的发问；作为学生，应该思索"这个专业能够给我带来什么？我的将来在哪里"。

　　专业与产业、行业、职业、事业是紧密联系的，专业与知识、技术、能力、素质也是不可分割的。从某种意义上说，选择了什么专业，就选择了什么样的工作岗位、生活方向、人生航道。正因为如此，我们必须懂得自己所走的这条道路通向何方，必须规划好未来的航程。尽管形势或生活的变化可能带来一定的微调，但从专业中所获取的精神与态度、风骨与品格、眼光与境界是相伴我们终生的。

　　人的一生中最重要的是选择、认知与规划。选择是取舍，是走哪条路的问题；认知是了解，是明确什么路、路上有什么的问题；规划则是具体设计方案，是怎么走、怎么到达的问题。认知、选择与规划是相辅相成的。选择了什么专业，就基本确定了职业方位，接下来就是要在总体了解和认知的基础上，进行精心筹划，确定实施方法和策略，并付诸行动，一场人生战役就此打响，这就是人生"凯旋"的基本步骤。而学业则是从专业到达职业彼岸的一叶扁舟。因此，专业认知也好，职业规划也罢，其关键点在于学业。学业精通与否，决定了职业规划实现的高度、宽度与长度，从而也决定了人一生的厚度与精度。

　　为了灿烂的前景与正确的前行方向，请准确认知与从容规划，并且勤学苦练。希望我院组织编写、出版的这套"专业认知与职业规划系列教材"能够从源头上提高同学们对专业的认同感，增强学习的积极性和主动性，帮助大家设计好自己的学业规划。

　　最后，预祝新生们通过几年的努力学习，能够顺利走向职场，实现自己的人生目标！

江苏工程职业技术学院院长

二〇一四年六月

前言

带着美好的期望，带着对未来的憧憬和梦想，年轻的朋友们经过六月的洗礼与漫长的等待，大家步入了向往已久的大学殿堂，步入了放飞年轻理想的地方。在这里，你迎来的将是人生新的起点，翻开的将是人生中新的一页。作为一名建筑工程技术专业的当代大学生，你会自主地考虑自己的未来：在机遇与挑战共存的社会里，我应该如何去准备，我又该扮演一个什么样的角色呢？

"工欲善其事，必先利其器"，为了能够更好的开始大学专业课的学习，在开始专业课学习前首先开设《专业认知与职业规划（建筑工程与技术类）》课程，希望通过课程的学习帮助你了解专业背景、课程设置、专业学习方法及自身职业规划等各个方面，让你在开始专业课程前做到"有的放矢"，本书共分四个专题，主要让你掌握以下几个问题。

一是了解行业。认知建筑工程技术行业社会地位，了解我国建筑业发展状况与发展趋势，对自身行业背景有明确的了解。

二是感知职业。了解江苏工程职业技术学院建筑工程技术专业发展历史及办学特色与优势，认知建筑工程技术专业的择业方向与相应岗位职责，对专业领域有清晰的认识。

三是认知专业。熟知自身专业的发展目标与培养目标，明晰专业素质技能要求、教学计划及学分安排、课程体系设置、校内外专业实践等。

四是职业规划。理解大学学习方式方法，能够自己合理规划课程学习，掌握职业规划的内容及形式，能够进行自我职业规划。

以上四个方面的问题也许概括得并不全面，但对于刚进入建筑工程技术专业的你来说是必须要了解和掌握的几个方面。每个专题后有思考题，通过学习课程后对所学知识进行回顾与加深理解。在教学环节中设计有开放性课题设计，以辅助提升理论学习与实际结合强度，突出课程的应用性。

不积跬步，无以至千里；不积小流，无以成江海。大学的学习是一个漫长的过程，但每一步都要把握好，希望本教材能对你的大学生活和职业规划有所帮助，让你有一个好的开始。

本书由徐红副教授负责统稿，专题一、专题二由徐红编写，专题三由王宇辉编写，专题四由袁东进编写。

由于本书仍在教学检验中，书中难免会有疏漏与不足之处，恳请读者、同行和专家学者给予批评指正，我们将不断进行修订与完善。

编者
2014年8月

👉 课程设置指导

课程名称：专业认知与职业规划（建筑工程与技术类）

适用专业：建筑工程与技术

总学时：24

理论教学时数：16

实验（实践）教学时数：8

课程性质：本课程为建筑工程技术专业基础课，是必修课。

课程目的：

1．学生通过行业概述、专业认知的学习熟悉本专业所属行业，了解行业发展前景，学习成功人士的经验。

2．初步了解高职教育的特点，学校的办学特色，专业的关联性以及感知专业的工作环境。

3．初步理解本专业人才培养方案和专业课程的设置思路，认可专业教学方法和专业学习方法。

4．提前初步设计学业生涯和科学合理规划自己的职业生涯，建立学习的信心。

5．通过专业考察，进一步帮助学生熟悉专业的职业环境，了解自己未来的工作情景。

课程教学的基本要求：

教学环节包括课堂教学、现场教学、课堂练习、课后作业。通过各教学环节重点培养学生对知识理解和运用能力。

1．课堂教学

在讲授基本概念的基础上，采用启发、引导的方式进行教学，分析本专业的行业背景和前景、职业方向和对个人能力的要求，专业学习方法等。

2．实践教学

本课程中为现场教学，安排学生到装饰公司和装饰工程项目现场，通过现场讲解装饰企业的运行特点和装饰项目的实施过程，提高同学们理论联系实际的能力。

3．课外作业

每章给出若干思考题，尽量系统反映该章的知识点，布置适量书面作业。

4．考核

采用课堂练习、阶段测验进行阶段考核，以完成教师规定的任务作为全面考核。

教学内容与学时分配

专题	讲授内容	学时分配
专题一	了解行业	4
专题二	感知职业	4
专题三	认知专业	4
专题四	职业规划	4
社会实践	参观施工项目现场	8
合计		24

目　录

绪论

一、如何做好建筑工程技术职业生涯准备

随着建筑业如火如荼的发展，建筑工程技术也有了长足的发展。建筑工程技术这一行业的职业标准应该归纳为知识型技术行业，从业人员既要接受高等专业教育，具备扎实的理论技术功底，又要获得相关专业的从业技能证书，才能有资格在这一行业工作。

要想为以后的职业生涯打好基础，就要把基础课程学好，作为一项职业，建筑工程技术职业要求多样而全面，包括技能、知识、能力、工作风格等方面。要成为一名合格而且优秀的建筑工程技术人员，就要不断学习，在学校打下扎实的基础，在实践中积累经验，并保持不断求索进取的精神。

在学习的过程中，既要不断丰富自己的专业理论知识，还要认真学习各种技术知识，培养理性思考问题和综合解决问题的能力。在实践当中，要求掌握工程核心技术，能够处理各方面的工程技术问题。在能力方面，要有独创性，为既定主题或处境提出独特想法或创造性方法来解决问题。

大学学习生活对于大学新生来说是人生的一个重大转变。大学生要尽早进行职业生涯规划，最好从步入大学校园就开始。职业生涯规划是一个动态循环过程，并不是规划一次就可受用终身。具体的职业生涯计划要随着社会发展和个人情况的变化而进行相应的调整。

另外，不要简单地认为建筑工程技术专业的就业方向就是工地的施工人员，这只是对建筑工程技术专业的粗浅认识，建筑工程技术人员具有足够的经验和能力的时候都将逐步转变为工程监管、项目经理、技术负责人等高等职位，但这都需要有扎实的理论基础和实践经验。不必担心以后从事的职业不理想，那只是你通往理想职业道路上必须经历的。

本课程教学目的就是在学生刚进入大学，对大学生活和本专业都一无所知，或并不是很了解的时候，通过对建筑工程技术专业各方面知识的全方位介绍，包括专业背景、专业课程、未来就业方向等，让学生对本专业有所了解，为大学学习生涯提前做好充分的准备。

二、专业认知与职业规划课程设置目的

在经济快速增长，城镇化进程不断加快的今天，人们日益重视建筑工程技术对提高人居环境质量的作用，建筑行业对技能型人才需求持续旺盛。作为刚进入建筑工程技术专业的学生来说，如何开始大学生活，如何规划自己未来发展方向是最为关键的问题。通过本课程的学习，系统地掌握职业生涯规划基本概念和基本理论；能找出"想象自我"与"真实自我"

之间的差距，能制订可行性较强的自我发展规划以及相应补救措施；能评价自我发展规划；能独立使用个人职业倾向测定技术，并撰写出有较高质量的职业生涯规划书；在应聘时能熟练地使用应聘技巧，展现良好的综合职业素养。

通过对职业发展与就业素质、能力等方面的研究和学习，提高运用所学的理论与知识来分析和解决就业中的实际问题的能力，能够理性地规划自身未来的发展方向，并在学习过程中自觉地提高就业能力和生涯管理能力。通过课程学习，实现在态度、知识和技能三个层面的显著提高。

同时，《专业认知与职业规划（建筑工程与技术类）》也是一门学习方法引导课程。中学阶段的学习，学生大部分停留在固定范围内的理论学习，大学的学习更接近实际，更开放的学习过程使学生们缺乏实践和从实践中学习的能力暴露无遗，这就要求我们转变学习方式方法。在进行专业认知学习过程中，通过参观和学习，培养学生观察、思考问题的能力，熟悉各种房屋结构形式及其组成和实际构造，为系统了解专业概况、巩固和深化专业思想、加强专业理论知识的学习打下良好的基础。

三、课程具体表现形式

《专业认知与职业规划（建筑工程与技术类）》是建筑工程技术类专业学生在开始专业课程前的行业入门课程。通过课程的学习，让学生对建筑工程技术专业有进一步的了解，增强专业的感性认识，尽快了解专业的发展现状和前景，规划自己的未来发展方向，并有针对性地进入到专业课程的学习与实践中。因此课程涉及内容广、信息量大，并且涉及实践教学，在传统的课堂教学基础上设计了丰富多样的教学方式。

（1）多媒体辅助课堂教学。用本教材配套的多媒体课件辅助课堂教学，可以观看相关的建筑工程案例图片或视频，提高课堂教学内容的丰富性和外延性。

（2）网络课程。本课程同步开设网络课程，内容包含课程多媒体课件、实用案例、课程习题与试题库等，突破课程课时限制，可以在课下进行自主学习。

（3）参观教学。参观教学主要是到建筑工地或工程训练中心边参观边进行讲解教学，围绕参观内容收集有关资料，做好记录，参观结束后，整理参观笔记，写出书面参观报告，将感性认识升华为理性知识。

（4）专题讲座。邀请企业负责人、技术人员、兼职教师来学院与学生面对面交流，感受各种场面，为将来的职业活动打好基础。

专题一　了解行业

学习目标

通过对本专题的学习，了解建筑业的概念及社会地位，我国建筑业发展态势，建筑业人才需求状况，以及建筑工程技术的发展历史。最后通过对知名建筑企业的了解进一步认识建筑行业的地位与作用，对建筑行业整体有初步的了解与认识。

学习任务

1. 完成建筑工程技术专业新生专业认知调查表。
2. 通过对本专题的学习，完成一份知名建筑企业的分析报告，了解其发展历史，经营业务及主要成就。
3. 总结建筑工程技术的发展历史及未来发展趋势。

一、建筑业与建筑工程技术概述

1. 建筑业与建筑工程技术的含义

什么是建筑工程技术？通俗地说就是指施工过程中的施工技术、方法等。建筑业重要的两大部分为建筑设计和建筑施工，建筑工程技术在建筑施工部分占有举足轻重的地位，建筑工程内容的具体实现就要靠一线的建筑技术人员来完成。另一方面，建筑业的发展也关系到建筑工程技术的发展，两者相辅相成。

对于建筑业来说，建筑业的界定有广义和狭义之分，广义的建筑业是指建筑产品生产的全过程及参与该过程的各个产业和各类活动，包括建设规划、勘察、设计、建筑构配件生产、施工及安装，建成环境的运营、维护及管理，以及相关的技术、管理、商务、法律咨询和中介服务，相关的教育科研培训等。从这个角度来看，建筑业横跨"克拉克大产业❶"分类下的第二和第三产业，其产业产品不仅包括实体的建筑产品，也涵盖了大量服务和知识产权，这种定义反映了建筑业实际的经济活动空间。

狭义的建筑业属于第二产业，包括房屋与土木工程业、建筑安装业、建筑装饰业、其他

---

❶　美国经济学家和统计学家克拉克（C.G.Clark）于20世纪40年代创立了"产业结构理论"，提出了三类产业分类方法，即"克拉克产业分类"。它依据产品的性质和生产过程的特征进行分类，第一产业的产品基本是从自然界直接取得；第二产业的产品是通过对自然物质资料及工业品原料加工而取得；第三产业本质上是服务性行业。

建筑业四个分行业。狭义的建筑业从行业特性及统计的可操作性出发，目的在于进行统计分析，而不是为了限制企业活动以及作为政府行业管理的依据。历史经验表明，在考虑企业发展、行业定位和行业管理时采用狭义建筑业的概念，会给建筑业的发展带来很大的束缚。实际上，工业发达国家在国民经济核算和统计时均采用了狭义建筑业的概念，而在行业管理中则采用了广义建筑业的概念。建筑业分类如图1-1所示。

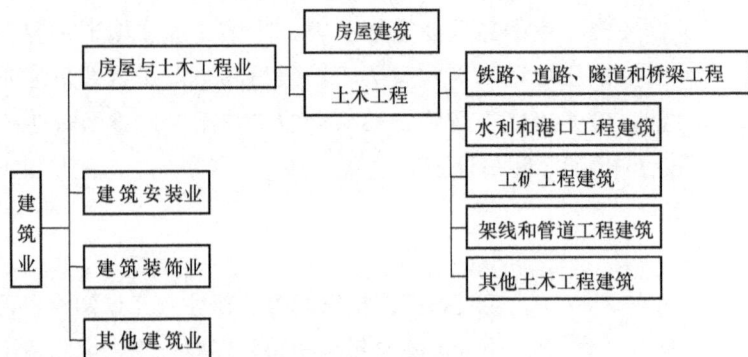

图1-1　建筑业分类

其实，无论是狭义还是广义，建筑业作为国民经济的支柱产业，不可避免地具有宏观经济形势相关性和政策敏感性，这决定了建筑企业在制订战略计划的时候，应密切关注国家宏观经济政策、动态及各项经济指标。随着我国宏观经济的持续发展，未来几年里，建筑业发展前景广阔。

2. 建筑工程技术的特点

（1）覆盖面广泛。建筑工程技术主要包括土建、采暖卫生与煤气工程、电梯和消防四个方面。每个部分又都包含若干学科的理论知识以及各学科之间的交叉知识。对这一系列技术的掌握，在初学阶段需要具备扎实的理论功底。学校开设的相关主干课程包括建筑识图与建筑构造、建筑材料、建筑工程测量、建筑设备、土木工程力学、建筑结构、地基与基础、建筑施工、建筑工程造价、建筑施工项目管理、广联达、建筑CAD资料员专业管理实务等。专业的技术人员除了需要熟练掌握这一系列的专业知识外，还需要对与建筑工程相关的一些边缘学科有所了解，例如建筑材料学、经济管理学等，通过对建筑施工过程的总体设计所需的所有技术的掌握，才能在实际的工作中游刃有余地进行规划设计。

建筑工程技术专业在实际运作中还需要使用一定的管理学知识，以便对于所做的设计、施工过程的具体情况有所掌握，根据实际来作出相应调整和规划，使建筑施工过程能够更加合理和完善。

（2）专业性较强。建筑工程技术是一门专业性非常强的技术手段，所有的从业人员需要经过多年的培养，并且在学习过程中掌握相当丰富的理论基础知识，以及在实践练习时能够对所需的具体技术做出专业、准确的判断。建筑工程技术在实际工作中需要做到科学化、规范化管理，这些都不是外行人员可以轻易操作的。建筑工程技术由于涵盖领域非常广泛，从业人员需要经过多年工作经验的积累，才能由基础到高端，逐步掌握各种工程技术，从而实现自身工作能力的完善和提高。

目前，我国建筑工程技术所需要的从业人员都需要具备一定水平的专业基础知识，以达到建筑工程施工一线技术与管理等工作对高等技术应用型人才的高标准要求。随着我国建筑行业整体水平和自身素质的不断提高，所需的建筑工程技术人才也越来越趋向于复合型人才，即除了拥有本专业所需的各种技术水平并能够解决专业性的技术问题外，还要能够应对各种技术操作过程中所遇到的其他难题。

（3）知识型技术。建筑工程技术这一行业的职业标准应该归纳为知识型技术行业。从业人员需要接受高等专业教育，并获得相关专业的从业技能证书，才能有资格在这一行业工作。对这一行业所需技术的掌握，需要工作人员具备一定的知识水平，才能深刻理解各种技术的基本原理和核心内涵，特别是涉及一些国际先进的技术手段，工作人员更应该能够准确理解各种外语文献或说明书中所提到的各种操作技巧，以实现参考借鉴的目的。

随着现代沟通手段不断发展，远程通信也逐渐进入建筑工程技术的实际应用当中，相关的技术人员对于计算机知识也应该有所掌握，以实现建筑工程技术的现代化操作，从而使工作能够高效、快捷地完成。

（4）更新速度较快。随着我国建筑行业的影响力逐渐扩大，以及我国改革开放的程度不断加深和与世界其他各国的联系不断紧密，这些因素都在很大程度上促使我国的建筑工程技术不断地吸收先进国家的高端技术手段，并引进了许多非常先进的设备、仪器，使我国的建筑工程技术行业发展速度大大提高，技术更新换代也有了质的飞跃。随着我国相关专业人才的不断优化，在建筑工程技术领域所取得的成就会更加显著。

3. 建筑业的社会地位与作用

建筑业是国民经济的重要产业部门，它通过大规模的固定资产投资（包括基本建设和技术改造）活动为国民经济各部门、各行业的持续发展和人民生活的持续改善提供物质基础，是各行各业固定资产投资转化为现实生产能力和使用价值的必经环节，直接影响着国民经济的增长和社会劳动就业状况，直接关乎社会公众的生命财产安全和生产、生活质量。在西方发达国家相当长的历史时期中，建筑业曾与钢铁工业、汽车工业等并列为几大支柱产业。新中国成立以后，在物质产品平衡表体系（MPS）的国民经济核算中，长期将建筑业与工业、农业、运输邮电业、商业饮食业合称为五大物质生产部门。在后来实施的国民账户体系（SNA）国民经济核算中，将建筑业与工业并列，共同构成第二产业。1992年党的十四大报告提出"要振兴建筑业"，国务院在《九十年代产业政策纲要》中明确提出："努力加强机械电子、石油化工、汽车制造和建筑业的发展，使它们成为国民经济的支柱产业。"在制定的《国民经济和社会发展第十一个五年规划纲要》中也提到，要"促进建材建筑业健康发展"。

改革开放至1993年间，我国建筑业产值占国内生产总值（GDP）比重波动较大，但总体呈现上升趋势，至1993年达到6.43%；1994～2002年，建筑业产值占GDP比重稳中略降，比重为5.43%；2003年后我国建筑业增加值占GDP比重继续呈上升势态，尤其在2007年全球经济危机时，国家的"四万亿"投资将基础设施投资作为提升经济发展的重要引擎，建筑业增加值比重占GDP比重迅速上升，至2011年已至6.79%的高位，是改革开放以来的最高点。建筑业的支柱产业地位日益显著。

建筑业为全社会各个物质与非物质生产部门提供重要物质技术基础，消耗钢材、木材、水泥、玻璃、五金等50多个行业，2000多个品种、30000多种规格的产品，对国民经济许多部门具有强大的波及效应和产业关联效应，能为其他产业部门的发展提供更广阔的市场，促进其他产业部门更快地发展，对整个国民经济起到很强的带动作用。近些年，我国建筑业的完全消耗系数大约为2.5，即每增加1元的建筑业产出，需要消耗其他部门的产出约2.5元，可使社会总产出增加约3.5元。2011年，我国建筑业总产值为11.77万亿元，带动其他部门的产出高达29.45万亿元，即全社会建筑业相关的总产出达到41.22万亿元。

2012年，全国建筑业实现增加值35459亿元，比2011年增长9.3%。从改革开放以来，建筑业增加值占GDP比重逐年提高，建筑业在国民经济中的支柱地位日渐突出。从2008年的金融危机，到2008年"四万亿"刺激政策的出台，到2011年的政策限购，再到2012年中央定调"保增长"，国内经济的低迷与恢复与建筑业的投资、开工都密切相关。近年来我国GDP与建筑业增长率如图1-2所示，我国建筑业产值占GDP比重如图1-3所示。

目前，我国超高层、大跨度房屋建筑设计及施工技术，大跨度预应力、大跨度桥梁设计及施工技术，地下工程结构施工技术，大体积混凝土浇筑技术，大型复杂成套设备安装技术等已都达到或接近国际先进水平。建设工程质量安全水平稳步提高，较好地完成了国家重点工程、城市基础设施和城乡住宅建设的任务。产业组织结构调整和建筑业企业改革、改制取得了明显进展，市场竞争力特别是国际竞争力明显提高，工程建设管理不断完善，法规制

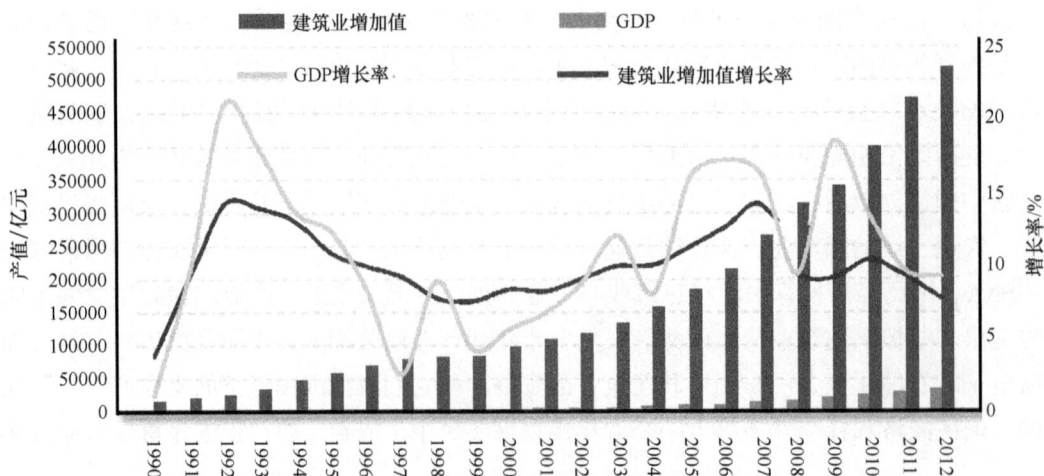

图1-2 1990~2012年我国GDP与建筑业增长率

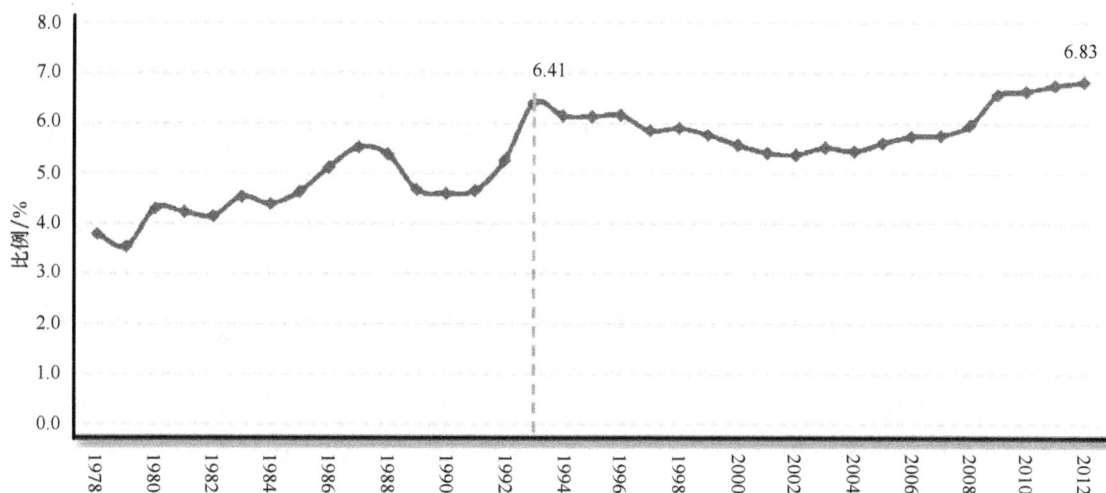

图1-3 1978~2012年我国建筑业产值占GDP比重

度、标准体系建设成就卓越。总之，三十多年来，建筑业为城乡面貌的改善、人民居住条件的提高做出了重要贡献，为转移农村剩余劳动力、增加农民收入、统筹城乡协调发展发挥了重要作用。

4. 建筑业发展现状

（1）建筑业规模持续增长，结构更加优化。建筑业在我国国民经济快速发展的大背景下，规模逐年扩大。尽管经历了全球金融危机以及四川汶川、青海玉树地震等重大自然灾害，但行业受益于国家持续的积极财政政策和灾后重建工程的拉动，发展势头不仅没有受到抑制，反而呈现加速态势。

目前，建筑业企业的经营结构正在发生变化。中国铁路工程总公司、中国建筑工程总公司以及一些优秀建筑民企，抓住机遇，积极上市，从而具备了前所未有的融资能力，一举改变了长期以来建筑企业融资难、资金紧张、经营层次低的状况，初步具备了主动的发展能力。许多大型施工企业普遍实现了多领域的综合承包，形成了适合企业特点的多领域的工程承包业务板块，大大增强了企业抵御经营风险的能力。同时，勘察设计、监理、造价等企业的业务也在不断丰富优化，在传统业务基础上，不断增加项目管理、咨询等代理服务。一批具有综合功能的国际型工程公司和工程项目咨询公司根据市场和业主需求，创新服务模式，形成新的咨询服务产品，为政府和社会业主提供增值服务，取得了良好效果。

（2）建筑业促进就业作用突出，积极承担社会责任。据2008年中国经济普查资料，当年全社会建筑业从业人员达到4112.2万人，占全社会就业人员的15%，比2004年普查数据增长了26.6%。在一些建筑业发达地区，当地劳动力从事建筑行业的达到20%左右，当地农民收入的20%~30%来自建筑业，如江苏省全省建筑业从业人员达到570万人，全省农民从建筑业获得的收入占其纯收入的28%以上。建筑业成为为城乡居民提供就业岗位、大量转移农村剩余劳动力的重要产业。

建筑业在抗震救灾、对口援建等重大事件中，更是积极承担社会责任，做出了重要贡献。在2008年四川汶川发生里氏8.0级强烈地震后，全国各地建筑业企业在当地政府组织下积极投入援建工作，在艰苦的条件下，大面积、高质量地搭建过渡房，解决了灾区人民的迫切需求。在灾后对口援建过程中，各地建筑业组织精兵强将，在较短时间内，一幢幢建筑拔地而起，一个个崭新城镇重新矗立。在青海玉树地震的灾后重建工作中，住房城乡建设部组织规划设计企业进行青海玉树灾后重建项目规划设计大会战，涉及住房、公共服务设施、文化、体育、社会管理、基础设施及生态环境、特色产业和服务业、和谐家园及其他项目320个大项的项目规划设计任务在2011年3月底前全部完成。

（3）国际市场开拓步伐加快，带动相关行业经济增长。建筑业积极实施"走出去"战略，大力开拓国际市场，2012年有52家企业进入了全球最大的225家国际承包商行列，在亚洲、非洲传统市场不断巩固，在拉美市场、发达国家市场的拓展也取得了一定的成效，国际市场占有份额持续扩大，对外承包的大型工程增加，工程总承包高端市场比重加大，电力、公路、铁路、通信、港口码头等专业工程市场发展迅速。交易方式更加丰富，资源换工程等交易方式取得一定经验。

随着我国在国际工程承包市场上专业工程份额的不断增加，我国由国际工程承包带动的出口贸易强势增长，对于我国制造业的带动力不断增强。据专家估算，火电工程项目，可以带动20%~70%的设备和材料，水电项目可以带动20%~40%的设备和材料，公路项目也可以带动50%~70%的机械设备和材料。通过国际工程承包，一些建筑企业把握工程所在国的一些投资机会，进行建筑材料、机械设备制造项目的投资，扩大了对外工程承包的效应，在更大范围实现了"走出去"。也从一个侧面反映出在国际市场上具有竞争力的建筑业在拉动国民经济增长中的重要作用。

5. 我国建筑工程技术行业普遍存在的问题

（1）行业管理不规范。据统计，在我国30多万家的建筑企业中，多数企业具有相应资质，但也存在少数企业在不具备相应资质的状况下经营生产，再加上建筑市场目前存在低价中标的现象，因而形成了无序竞争的景况。甚至采取挂靠和借用资质的手段参与竞标、承接工程，助长了不平等的竞争态势，造成了施工质量等问题，客户投诉较多。

（2）施工技术较落后。建筑施工很大程度上还是传统工艺，技术装备比较落后，技术含量低，新技术、新工艺使用步伐和推广滞后，与走科技创新之路还存在较大差距。施工的发展趋势是走工厂化和装配化的道路，减少现场的加工制作，避免建筑对环境的破坏和污染。

（3）从业人员素质偏低。目前，从业人员中农民工约占94%，企业部分管理者和技术人员由其他行业转行而来，没有经过专业培训，缺乏高水平的专业培养。因此人员素质不高，不能适应建筑行业发展的需要。基于此，教育部在2004年重新颁布的《普通高等学校高职高专教育指导性专业目录》中，确立了建筑施工技术专业，从高职高专专业结构和培养人才类别的划分、统计和宏观调控，以及社会对人才能力结构的了解和毕业生的就业等方面进行了调整，表明了国家对该行业现状的关注。一方面，国家希望培养技术应用型人才，以满足社会的需求，改变行业专业技术人员匮乏的现状问题；另一方面，可以解决社会的就业问题。按照高职教育"以职业需求和就业为导向"的要求，高职教育的建筑工程技术专业建设在对建筑工程技术行业了解的同时，还必须对建筑工程技术的职业进行了解和分析，以确定建筑工程技术专业人才培养的目标。

6. 未来我国建筑工程技术行业发展态势简析

（1）建筑工程技术的发展前景。首先，开设建筑工程与技术专业的院校会使这一专业的教学成果在现有基础上有所提高。随着我国建筑行业的不断发展，房地产业在市场中的影响力不断加大，导致优质的建筑工程技术人才非常的稀缺，在就业市场上，这一行业正面临着巨大的人才缺口。这对于高校开展教学工作来说是一个非常大的动力，高校做好这一专业的人才培养工作，能够使建筑工程技术行业在未来的发展中占据更加稳固的地位。

其次，建筑工程技术人才正在向复合型人才发展过渡。面临日益激烈的就业环境，以及建筑工程技术行业对从业人员要求标准的不断提高，促使相关专业的人才要不断完善自身的知识储备，在熟练掌握本专业理论知识的基础之上，还要积极展开对管理学、计算机知识、外语知识的涉猎和学习，以提高自身在就业竞争中的优势地位。这种专业型人才向复合型人才的转变，会成为建筑工程技术行业从业人员的主要趋势。

最后，我国的建筑工程技术会逐渐向国际水平靠近。我国建筑行业近年来在行业内取得了非常显著的成就，特别是2008年奥运会以来，建成了多个具有代表性的建筑工程项目。一些地标性建筑的建成可以大大促进我国建筑工程技术的提高，通过对这些先进技术和理念的借鉴和参考，我国建筑行业在自身的技术水平上会有更大的提高，特别是向着国际化水准迈进的步伐会越来越快。

（2）建筑业的发展前景。建筑业是典型的投资拉动型产业，是落实固定资产投资的主要部门。在2008年年底"四万亿"投资带动下，2009年固定资产投资对GDP的贡献率一度高达91.30%，达到顶峰后，固定资产投资的增速呈现持续回落态势。2011年全社会固定资产投资达到31.10万亿元，同比增长23.6%，排除价格因素，实际增长15.9%；2012年一季度，城镇固定资产投资达到47865亿元，同比增长20.9%，排除价格因素，实际增长18.2%，回落态势明显。

在投资、消费、出口这拉动经济增长的三驾马车中，投资总是最受青睐的方式。然而，以投资拉动经济增长的方式是不可持续的，中国经济结构性调整也势在必行，《国民经济和社会发展第十二个五年规划纲要》中也明确指出"坚持把经济结构战略性调整作为加快转变经济发展方式的主攻方向"，固定资产投资增速放缓是大势所趋。但短期内，在出口和消费疲软的情况下，投资对GDP增长的作用短期难以替代，固定资产投资增速将依然处于较高的水平。

具体说来，未来建筑业热点将集中在以下几方面。

①城镇建设。"十二五"时期，我国城镇化将继续深入推进。东部及中西部城市群建设更多地体现为交通的改善，区域联通的便捷化，水、煤、气等重要资源供给通道的建设，城

市居民住宅的规划建设，环境美化治理，经济中心、产业基地建设以及推进"城中村"和城乡结合部改造。

新城、新区建设是未来大中城市发展的一个热点领域。规范新城新区建设，提高建成区人口密度，调整优化建设用地结构，统筹地上地下市政公用设施建设，全面提升交通、通信、供电、供热、供气、供排水、污水垃圾处理等基础设施水平，增强消防等防灾能力，扩大城市绿化面积和公共活动空间，加快面向大众的城镇公共文化、体育设施建设等，都将构成新城新区的建设热点。

"十二五"期间，国家将大力发展区位优势明显、资源承载力较强的中小城市。发展中小城市的着力点主要集中在通过强化中小城市产业功能，增强小城镇公共服务和居住功能，吸引更多居民向中小城市集中；推进大中小城市基础设施一体化建设和网络化发展；有重点地发展小城镇，把有条件的东部地区中心镇、中西部地区县城和重要边境口岸逐步发展成为中小城市。

②城镇保障性安居工程。"十二五"期间，我国政府将下大力气改变保障性安居工程短缺状态，履行政府职责，继续增加保障性住房和普通商品住房的有效供给，加大百姓安居工程建设力度，基本解决保障性住房供应不足的问题。未来五年，国家规划建设城镇保障性安居工程3600万套。全面启动城市和工矿棚户区改造工作。2011年计划开工建设1000万套保障房，大约需要投资1.4万亿元人民币。在保障性安居工程建设中，重点发展公共租赁住房，同时建立完善公平分配、质量安全保障、维护管理、进入退出管理体系，使我国城镇居民居住保障水平得到大幅度提升。"十二五"时期还要加快推进农村危房改造工作，每年要改造农村危房150万户以上。按照我国"十一五"时期房屋建造能力估算，保障性安居工程建设将成为"十二五"时期我国住宅建筑市场的重要组成部分。

③区域基础设施一体化、网络化。国家"十二五"规划明确指出，促进区域协调互动发展。实施区域发展总体战略和主体功能区战略。未来五年围绕平衡发展、优势发展、特色发展、升级发展、开放发展，将掀起一轮区域发展热潮，从而形成区域发展一体化、网络化引发的基础设施建设需求。海峡两岸经济区、珠江三角洲地区、海南国际旅游岛、江苏沿海地区、长江三角洲地区、黄河三角洲高效生态经济区等区域发展规划进入实施阶段，相应的基础设施建设将全面铺开。仅以交通为例，适应城市群发展需要，国家规划以轨道交通和高速公路为骨干，以国省干线公路为补充，推进城市群内多层次城际快速交通网络建设，建成京津冀、长江三角洲、珠江三角洲三大城市群城际交通网络，并将加紧推进重点开发区域城市群的城际干线建设。

④综合交通运输体系建设。

a.公路。"十二五"时期公路的投资规模大约为2.2万亿元人民币。"十二五"期间，基本建成由7条放射线、9条纵线和18条横线组成的国家高速公路网，通车里程达到8.3万公里，基本覆盖20万以上人口城市。加大国省干线公路改造力度，国道二级及以上公路里程比重达到70%以上，基本实现具备条件的县城通二级及以上标准公路。

b.机场。建设北京新机场，扩建广州、南京、长沙、海口、哈尔滨、南宁、兰州、银川等机场，新建一批支线机场和通用机场。研究建设成都、青岛、厦门等新机场。加快新一代空管系统建设。

c.城市轨道交通。预计到2015年，我国将拥有1700公里，共60多条的城市轨道交通线路。2010年我国轨道交通产业投资2000亿元，2010～2015年总投资将达1万亿元以上。"十二五"期间，国家将建设北京、上海、广州、深圳等城市轨道交通网络化系统，建成天津、重庆、沈阳、长春、武汉、西安、杭州、福州、南昌、昆明等城市轨道交通主骨架，规划建设合肥、贵阳、石家庄、太原、济南、乌鲁木齐等城市轨道交通骨干线路。

d.铁路。铁路"十二五"规划的发展目标是：新线投产总规模控制在3万公里，"十二五"末期，全国铁路运营里程将由现在的9.1万公里增加到12万公里左右。其中，快速铁路4.5万公里左右，西部地区铁路5万公里左右，复线率和电化率分别达到50%和60%以上。按照这个规模，"十二五"期间将安排基建投资2.8万亿元。与"十一五"相比，铁路投产新线增长87.5%，完成建设投资增长41.4%。同时，"十二五"期间，国家将研究建设琼州海峡跨海工程、川藏铁路工程。

此外，国家还规划在未来五年建设全国性综合交通枢纽42个。

⑤产业升级。"十二五"时期，国家将大力发展节能环保、新一代信息技术、生物技术、高端装备制造、新能源、新材料等战略性新兴产业。围绕这些产业的发展，各地都有一批现代产业基地新建、扩建、改建项目。以广东省为例，在"十二五"时期，将建成10个产值超千亿元的现代服务业基地，形成100个现代服务业集盛区；发展第三方物流、保税物流和国际物流，培育30个省级物流园示范区，打造具有国际竞争力的重大成套和技术装备制造产业基地，国内汽车产业集群和国际汽车产业基地、石化基地、海洋工程装备制造基地等。上海市将打造装备制造、汽车制造、石油化工、精品钢材、船舶和海洋工程、集成电路、通信和网络设备、软件和信息服务、新能源、医药和医疗器械等10个千亿级产业集群。为实现这一目标，上海市工业园区在面临着资源、环境、商务成本等制约的情况下，将与长三角城市园区搭建形成联盟，实现产业梯度转移和产业布局优化。

⑥环境治理及国土整治。经过30多年的经济高速发展，我国生态环境已经非常脆弱，需要加大投资力度，进行大规模整治。包括大江大河治理防险加固、路基及道理环境治理、资源采空区治理等。尤其是水利的基本建设受到国家的高度关注，预计"十二五"比"十一五"时期投资总量翻番，规划达到2万亿元人民币以上。水利工程建设主要包括如下几个方面：江河湖泊治理、病险水库治理、山洪灾害防治、极端天气防范等生态文明建设工程。控制性枢纽、重要水源建设、南水北调等水资源配置工程；农村饮水安全、农村小水电等民生工程，30万亩（1亩=666.67m²）以上灌区改造、小型农田水利建设工程等。"十二五"时期，国家规划的城乡水源及供水工程包括：完成南水北调东、中线一期主体和配套工程建设。加快建设贵州"黔中饮水工程"、陕西"引汉济渭"、吉林"中部引水"、安徽"引江济巢"等调水工程前期工作。建成西藏旁多、云南小中甸、辽宁青山、四川小井沟、海南红岭、江西浯溪口等一批水库以及西南等地区一批中型水库。

⑦能源电力建设工程。依托陕西、山西、内蒙古、新疆等中西部煤炭基地，建设若干个

大型煤电基地。同时，国家的新能源建设将进入快速发展阶段。将加快沿海省份核电发展，稳步推进中部省份核电建设，开工建设核电4000万千瓦，开工建设水电1.2亿千瓦。建设6个陆上和2个海上大型风电基地，断建装机7000万千瓦以上，以西部省份为重点，建设太阳能电站500万千瓦以上等。

我国能源、资源短缺，且分布又极不平衡。能源、资源的平衡调度设施必不可少。包括水、电、煤、气的国内平衡调度设施，粮食、矿产资源的全球平衡调度设施，制造业大国的物流设施等。"十二五"期间，国家将加强能源基地建设和输送通道建设，加快西北、东北、西南和海上进口油气战略通道建设，跨区域骨干输气网和配气管网建设，加快现代电网体系建设，进一步扩大西电东送规模，完善区域主干电网，发展特高压等大容量、高效率、远距离先进输电技术，加快大型煤电、水电和风电基地外送电工程建设，形成若干条采用先进特高压技术的跨区域输电通道。建成330kV及以上输电线路20万公里。推进智能电网建设，加强城乡电网建设与改造，增强电网优化配置电力能力和供电可靠性。建设中哈原油管道二期、中缅油气管道境内段、中亚天然气管道二期，以及西气东输三线、四线工程。输油气管道总长度达到15万公里左右。建设北方煤炭下水港装船码头及华东、华南煤炭中转储运基地工程，大连等港口的大型原油接卸码头工程，宁波—舟山等港口的大型铁矿石接卸码头工程，上海、天津等港口的集装箱码头工程，新增万吨级及以上深水泊位440个左右。

由此可见，在今后相当长的一段时期内，伴随着我国经济的稳步增长，我们有理由对未来5～10年甚至更长一段时间内我国建筑行业的发展态势给予乐观的预期。施工企业将会在建筑大舞台上一展英姿，大显身手。相应地，对建筑类人才的总量需求也必然会保持较高的势头。

二、建筑行业人才需求

1. 建筑行业人才需求总体态势

改革开放以来，随着建筑业的快速发展，建筑业从业人员的素质及人才结构也发生了巨大变化，人员的素质已有很大提高，各类从业人员中工程技术人员所占比例逐年增长，人员结构逐渐趋于合理。但建筑业当前仍属于典型的劳动密集型行业，目前，我国建筑业从业人员已近4000万人，居各行业之首。在建筑从业人员中，专业技术类人员在从业人员中所占的比例较低，以江苏省为例，近几年的平均比例没有超过15%，低于各行业18%的平均水平。建筑业的人力资源整体素质还不是很高，劳动生产率比较低，与发达国家相比，存在着显著的差距，阻碍了中国建筑行业的发展。

建筑行业从业人员中的专业技术人员所占比例，影响着建筑行业整体队伍的素质、劳动生产率和技术水平的进步。我国建筑业最终要由劳动密集型行业向技术密集型和管理型发展，这无论在从业人员的整体素质、管理水平以及工程技术人员和管理人员的人才结构、所占比例等方面，都需要有进一步的提高，需要补充大量的工程技术人员和管理人员。

教育部、住房和城乡建设部组织进行的行业资源调查报告中显示，建筑技术人才短缺突出表现在建筑施工、市政工程施工、建筑装饰建筑设备和建筑智能化等专业。约80%的建筑从业人员，分布在建筑施工和市政施工企业。

建筑工程技术专业涉及设计、施工、管理、监理、造价等多方面的技术，具有很强的技术应用特征。建筑工程企业中，80%的用人单位需要应用型人才，71%的用人单位需要既懂理论又会操作的人才，78%的用人单位需要综合素质高的人才，85%的用人单位需要综合素质高的技术应用型人才。用人单位对应用型人才的能力要求主要有绘制与识读施工图的能力、计算机应用能力、一般建筑材料应用能力、基本建筑构件的设计能力、工程造价编制能力、质量检验能力、基本的工程测量能力、施工管理能力、建筑工程施工的主要工种操作能力等。

在建筑企业技术人员需求中，专科学历层次占到了相当高的比例，高职高专毕业生在建筑工程企业有着广阔的就业空间。通过对江苏工程职业技术学院近三届毕业生就业情况的调查显示，有96%的建筑工程技术专业毕业生到一线从事施工管理和相关行业的工作。

2. **建筑行业对从业人员的要求**

建筑工程技术专业主要是培养面向建筑生产一线的技术与管理人才，通过对行业企业的走访与座谈，了解到建筑企业对本专业人才的要求是：爱岗敬业、勤奋务实，具有吃苦耐劳的精神；能够脚踏实地、专心在生产第一线工作；善于沟通、具有较强的组织协调能力和团队合作精神；善于观察总结，能将理论应用于实践，并在不断的实践中积累自己的经验；能识读施工图纸，能完成定位、放线等施工测量任务，熟悉施工的全过程并能组织施工，在施工过程中能做好质量、进度和一般的成本控制及安全管理工作。建筑工程技术专业职业能力成长的三个阶段如图1-4所示。

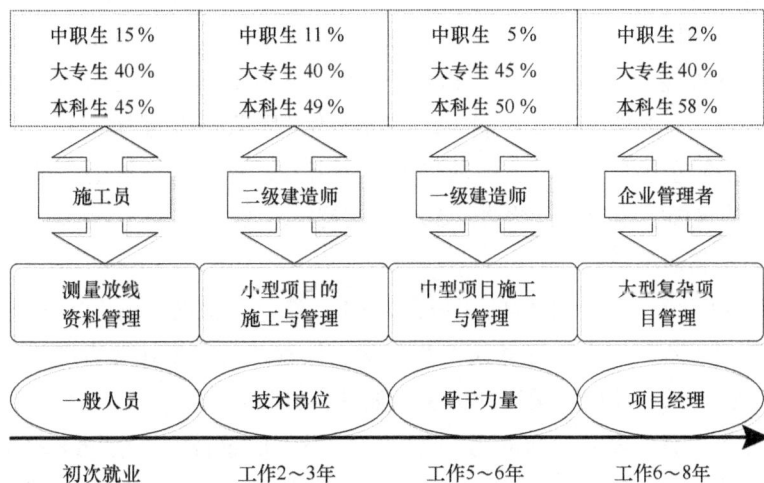

中职生 15%	中职生 11%	中职生 5%	中职生 2%
大专生 40%	大专生 40%	大专生 45%	大专生 40%
本科生 45%	本科生 49%	本科生 50%	本科生 58%
施工员	二级建造师	一级建造师	企业管理者
测量放线资料管理	小型项目的施工与管理	中型项目施工与管理	大型复杂项目管理
一般人员	技术岗位	骨干力量	项目经理
初次就业	工作2~3年	工作5~6年	工作6~8年

图1-4 建筑工程技术专业职业能力成长的三个阶段

职业与课程是两个不同的概念，但在高等职业教育中，两者是紧密相连的。

课程是实现培养目标的重要手段，职业是从业人员所从事的社会工作类别。课程与职业靠什么联系起来？课程是职业的标准和能力要求。每一种职业都有自身的职业标准和能力要求，而高等职业教育的课程要依据所面向的职业标准和能力要求进行开发和设计，把职业标准和能力要求转化成课程目标，使培养的人才达到职业要求。建筑工程技术专业的职业能力结构如图1-5所示。

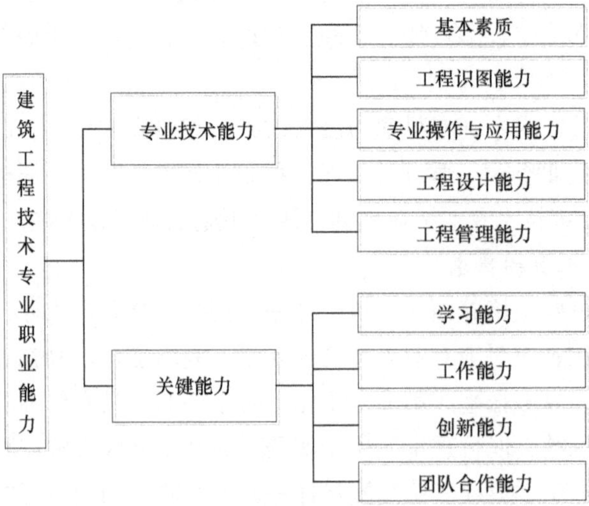

图1-5 建筑工程技术专业的职业能力结构

通过对建筑企业的市场调研和深入了解，可以将建筑工程技术专业的职业能力分为专业技术能力和关键能力。专业技术能力主要指运用专业技术和掌握该技术所需的基础知识能从事基本的职业工作的能力，它包含：基本素质、工程识图能力、专业操作与应用能力、工程设计能力、工程管理能力。关键能力是指在完成职业工作任务时专业技术能力以外必不可少的能力，它包括：学习的能力、工作能力、创新能力、团队合作能力。

（1）知识结构与能力结构要求。从整个行业来看，对大中专毕业生的需求将占需求总量的40%左右，建筑施工企业预计将吸纳60%的建筑技术相关专业毕业生，另有20%的毕业生将进入咨询监理等其他单位。

据统计，在建筑企业用人单位的职位需求中，对企业管理、财会、外语等人才的学历要求较高，一般要求本科以上，而建筑工程技术、工程造价等专业更青睐于高职院校的毕业生。高职建筑工程技术专业岗位关键能力关系如图1-6所示。

知识结构要求：具备本专业所必需的数学、力学、信息技术、建设工程法律法规知识；掌握建筑构造、建筑结构的基本理论和专业知识；掌握建筑材料与检验、建筑施工、建筑工程计量与计价、施工管理、质量检验、施工安全等专业技术知识；具有建筑水电设备等相关专业技术知识；了解建筑施工新材料、新工艺、新技术的相关信息。

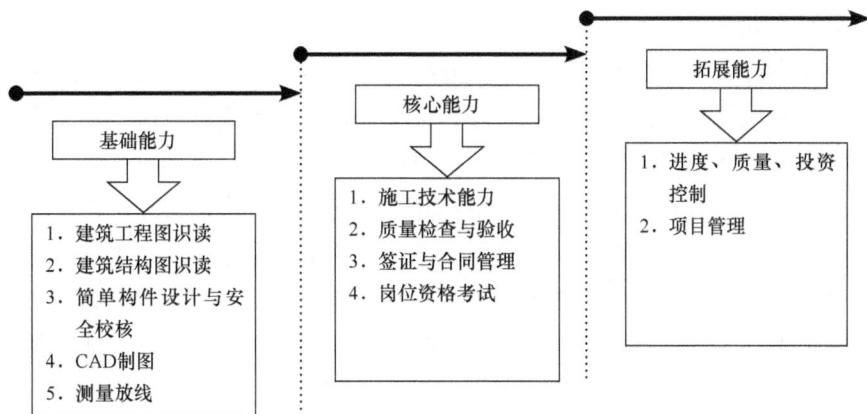

图1-6 高职建筑工程技术专业岗位关键能力关系

能力结构要求：具有正确识读土建专业施工图的基本能力；正确使用建筑材料并进行检测、保管的能力；一般建筑构件计算、设计和验算的能力；应用计算机进行专业工作的能力；较强的施工现场组织和管理的能力；较强的处理施工技术问题的能力；参与施工图纸会审工作的能力；1～2个主要工种操作的初步技能；工程项目招投标和经营管理的基本能力；社会交往、处理公共关系的基本能力；考取执业资格证书的能力。

（2）对执业资格的要求。建筑业是国民经济和社会发展的支柱产业。培养和造就一大批掌握高新建筑理论、知识和施工技术，能管理会操作的复合型人才、专业经营人才和技能型人才，是建筑业可持续发展的重要保证。建筑行业企事业单位的某些岗位要求具有相应的职称证书或者执业资格证书的人员才能担任，建筑相关单位对应聘者的职称证书和执业资格证书相当看重。为此，建设部已逐步推广和建立起覆盖施工一线操作人员的职业资格证书制度、基层技术管理人员的岗位资格证书制度和专业技术人员执业资格注册制度三大职业资格证书体系。其中，执业资格注册制度针对的主要人员是大专以上学历的工作者。1993年以来，建设部先后建立了建筑师、造价师、估价师、规划师、建造师等九个执业资格，形成了以教育评估、执业实践、资格考试、注册管理、继续教育和信用档案为主要内容的一整套管理体系。

（3）对工作经验的要求。建筑行业对经验要求很高，而经验的积累需要时间的沉淀。建筑的技术类人才成熟期比较长，需要经过多年的磨炼才能独立承担起工程任务。例如大型企业的工程总监一职，要求的学历是建筑工程专业大学专科学历，但是对工作经验的要求却是10～20年建筑工程技术工作经验。现在建筑企业、房地产企业（尤其是民营企业）一般都想招用有工作经验的人。目前，大量高校建筑技术相关专业毕业生没有工作经验，这也是导致一方面是庞大的待就业大军，而另一方面又需求旺盛的重要原因。虽然企业也想培养一批年轻、学历高的专业人才，但大学生频繁跳槽的现象使企业对接收无经验的大学生产生了一定的抵触。通常来说，国有性质的建筑类企业更容易接受工作经验少的高校毕业生。因此，对有志于从事建筑行业的大学生来说，在读大学期间有意识地参加各类社会实践，特别是与专业相关的实习、实践是十分重要的。

通过以上建筑行业对从业人员能力要求分析,一是对施工员从业资格的要求,反映出国家加强了行业从业人员的持证上岗鉴定管理,也是企业参与行业竞争所具备的人员素质条件之一;二是对高学历有一定要求,但不苛求,由此可见,大专学历具有竞争优势,但不是唯一优势;三是强调有一定的工作经验,说明企业用人的标准更注重实际工作中培养的能力;四是对规范和专业知识的熟悉程度,也从另一方而反映了行业逐步加强了对施工规范化管理的力度;五是在以往要求施工员能够识读施工图纸的基础上提出了运用电脑软件绘制图纸的技能要求,体现了施工图纸设计在施工过程中的应用程度;六是作为一个施工员,要懂得编制施工预算和进行施工组织设计,并且要有一定的施工管理经验。

3. 高职院校建筑技术相关专业毕业生供需分析

近年来高校毕业生就业竞争激烈。虽然建筑相关专业是目前我国各高校的热门专业,但其毕业生在就业过程中仍然面临着激烈的竞争。

目前,各大城市都在改造新城、重新规划城市布局,这为建筑技术相关专业毕业生提供了更多的就业空间。从目前我国各大城市的人才储备情况来看,建筑技术相关专业人才已经成为许多城市的紧缺人才。总之,在就业形势较为严峻的情况下,建筑技术相关专业毕业生在总体就业压力较大的情况下仍然拥有相对较多的机会。从近几年的就业形势来看,大多数建筑技术相关专业毕业生的社会供需比都在1∶1.5以上,部分专业的供需比甚至超过1∶3。

高职类建筑工程技术相关专业的毕业生主要流向建筑施工企业。目前建筑施工企业的技术与管理人员的学历水平普遍偏低,企业领导、管理人员总体以大专学历为主,技术人员总体以中专学历为主,职称结构以初级职称为主。

2011年专业调研显示,目前南通市建筑施工企业对各种学历层次的需求状况是:研究生10%、本科生42%、大专生34%、高职生39%、中专技校生3%。建筑施工企业对各种学历层次的人才需求状况对比如图1-7所示。

除本科生以外,对高职毕业生的需求量排在了第二位。通过与生产一线的管理人员和技术人员座谈发现,企业虽然也需要本科及以上层次的人才,但由于人才层次相对较高,他们对工作岗位及薪酬的期望值也高,而生产一线需要更多的是踏实肯干的实际操作人才,高职和大专层次毕业生更能从较基础的工作做起。随着经济发展的不断深入,建筑工程技术人员

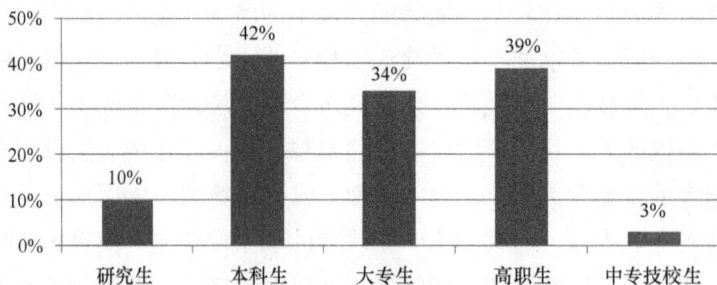

图1-7 建筑施工企业对各种学历层次的人才需求状况对比

在当前和今后一段时期内需求量还将不断上升。

目前，建筑类很多企业开始把目光投向高职毕业生，因为高职毕业生普遍具备较强的实践能力，而实践要求较强的一线技术与管理工作岗位人才大量空缺：如土建施工员、质检员、造价员等，还有相当多的企业的空缺岗位为工长和项目经理。因此，近年来建筑工程技术相关类高职毕业生都保持了较高的就业率，其就业率通常都在90%以上，如四川建筑职业技术学院，从2004年以来连续几年的毕业生就业率都在97%以上；黑龙江建筑职业技术学院、徐州建筑职业技术学院、广西建筑职业技术学院等近几年的毕业生就业率也在90%以上，我校专业的就业率也稳定在98%以上（不含专升本继续深造的学生）。

三、建筑工程技术的发展历史

漫漫数千年，从昔日秦始皇的万里长城、地下皇陵到被英法联军付之一炬的圆明园，再到现在的三峡水利工程、青藏铁路、北京奥运会主体育场——"鸟巢"以及国家游泳中心——"水立方"，诞生了无数伟大的工程和创造性的建筑工程技术实践。建筑工程技术的发展积淀了劳动人民数千年的智慧，记载和传承了人类的历史和文化，极大地推动了人类社会的文明进步。可以说，我国的灿烂文明乃至人类文明的发展史在一定程度上是一部建筑工程发展史，而建筑工程发展史在一定意义上又是一部建筑工程技术史。总体而言，对于我国的建筑工程技术史我们大致可以分为古代、近代、现代三个阶段。

1. 我国古代建筑工程技术的发展

历史虽然留给了我们许多令世人赞叹的奇迹工程，但是由于我国古代劳动人民不注重建筑工程技术过程和方法的记载，所以很少有著书立说以传后世的建筑工程技术方面的著作。尽管如此，从史书仅有的只言片语之中我们仍能挖掘到许多建筑工程技术方面的智慧结晶，而这些宝贵的经验对于解决当今建筑工程技术中遇到的问题仍具有借鉴意义。

（1）我国古代建筑工程的施工组织及施工。我国古代的建筑工程一般可以分为民间工程和政府工程。在当时生产力水平比较低下的情况下，民间工程的规模比较小，过程也相对简单，一般就是业主设计好之后，雇用工匠和劳工进行建造，期间的材料与费用以及工程的进度等都是由业主自己掌握控制。这种组织及施工现在在我国农村还是比较常见的，如砖瓦房的结构修建等。

对于政府工程，一般为皇家工程、官府建筑等，它的规模一般比较大，结构较为复杂，而且对工程质量的要求相当严格，同时，涉及的工程费用一般由国库开支，因此它的组织和实施方式有一套独立的运作系统和规则。

我国古代政府工程的施工组织主要涉及三个层次：工官、工匠、民夫。工官是工程指挥者，主要负责原材料的采集、工程质量及进度的监督管理和控制；工匠相当于工程的技术人员，有一定的管理权限，也是劳动者；民夫也就是相当于现在的农民工了，但当时他们一般是被强制服徭役，跟现在的农民工地位不同。

（2）我国古代大型工程的施工过程及管理模式。在古代生产力极端落后的情况下，每一项大工程动辄需几万、几十万人参与，如何管理如此庞大的施工团队，成为工程顺利完成的重要保证。为了保证工程的质量和工期达到预期目标，古人一般采取军事化或者准军事化的管理模式。例如在施工组织方面，当时修筑万里长城时征用全国男劳力50万人，加上其他的杂役共约300万人，占当时全国男劳力的一半以上。组织规模如此之大的劳动力进行施工，他们采取了一套严格甚至是残酷的组织措施作为保证，据文献和长城碑文记载，当时修筑长城是由各军事辖区的行政长官（一般是皇帝直接派出的郡守、县令）向朝廷上书，阐明当时当地防卫的具体情况，提出修筑长城的申请，经朝廷同意后再进行组织施工。施工任务下达后，由朝廷从全国各地征调军队和募集民夫到重点地区去修筑。而在具体修筑时，是按军队编制组织进行的，如今，在石筑城墙残基上，有的地方发现很明显的接痕墙缝，证明当时修筑长城是采用分区、分片、分段包工的方法，即先将某一段修筑任务分配给戍军某营、某卫所，再下分到各段、各防守据点的各个戍卒。施工时分监督管理人员和具体施工的管理人员。监督管理的人员一般是职位比较高的巡抚、巡按、总督、经略、总兵官等。而施工人员以千总为组织者，千总之下又设有把总分理。正是这样一条脉络清晰的直线式组织线路，才有可能保证施工期间组织管理严密、分工细致、责任明确。

（3）古代建设工程的质量管理。古代的大型工程都是"国家级"的工程，因而建设工程的质量问题是统治者最为关心的重点问题。所以古人对工程必然有预期的质量要求，有检查和控制质量的工艺流程与方法来保证工程的质量。

在《周礼·考工记》中就有取得高质量工程的条件："天有时，地有气，材有美，工有巧，合此四者，然后可以为良"。这与现代工程质量管理的五大要素——人员、材料、设备、工艺、环境基本上是一致的。另外，《考工记》中还比较详细地记载了各种器物（包括五金制作、木制作、皮革制作、陶器制作、绘画雕刻等）的制作方式、尺寸、用料选择、合金的配合比要求等，还包括城池的建设规划标准，主要是壕沟、仓储、城墙、房屋的施工要求等。

在长城的修复重建过程中，为了保证工程的质量，明代在隆庆以后大兴"物勒工名"（即在长城墙体及其构件上标注建造责任人的名字），以此形式对整个工程实行责任制管理，考古工作者和长城专家在长城上发现和收集了一批石刻碑文，这些碑文明确记录了每次修筑的小段长城的位置、长度、高度、底顶宽度，还记录了监督管理官员的官衔、姓名、部队番号、施工组织者及石匠、泥瓦匠、木匠、铁匠、窑匠等的名字，城墙一旦出现质量问题（如倒塌、破损），就按记载来追查责任。正是实行了严格的质量责任制，万里长城才能在经历了千百年的风雨磨炼后依然"塞垣坚筑势隆崇"。

宋代的时候编制并颁布过一部建造标准《营造法式》，作者系宋徽宗时的将作少监李诫。此书首次对古代建筑体系做了比较全面的技术性总结，并且规范了各种制作的用料总额和有关产品的质量标准。

到了清代之后，工程的质量管理体系已经比较完备了。例如对工程的质量和赔修都有规定：宫殿内的岁修工程，均限保固三年；其余新改扩建工程，按建设的规模和性质，保固期分别为三年、五年、六年、十年四种期限，工程如在保固期限内坍塌，监修官员负责赔修并交由内务府处理，如在工程保修期内发生渗漏，由监修官员负责赔修。

（4）古代建设工程的进度控制。在漫漫的历史长河之中，历朝历代的皇帝都要兴修大规模的土木工程。但在当时的生产力和技术水平下，这些工程绝非少数人在短期内就能完成的。因此，为了保证工程的进度，这些工程的管理人员势必要进行精心的策划和安排，回顾历史，在工程进度方面，古人采取了许多技术上的创新方法来尽量节省时间。例如在修筑长城的时候，统治者要求的工期相当紧迫，建造者必须想尽各种方法以求加快工程的进度。在难以行走的地方人们排成长队，用传递的方法把建筑材料传送到施工现场；在冬天则在地上泼水，利用结冰后摩擦力减小的原理推拉巨大的石料；在深谷中人们用"飞筐走索"的方法，把建筑材料装在筐里从两侧拉紧牢固的绳索上滑溜或者牵引过去。这些方法都大大节省了时间，加快了进度。

（5）古代建设工程的投资控制。古人很早就用经验积累的材料消耗定额来推算建设工程的投资，因为历代君王都大兴土木，工程建设规模大，结构复杂，资源消耗大，所以官方非常重视材料消耗的计算，并形成了一些计算工程工料消耗和工程计费的方法。

《营造法式》就吸取了历代工匠的经验，对工料消耗的控制方面都做了规定，书中的"料例"和"功限"，就相当于我们现在所说的"材料消耗定额"和"劳动消耗定额"。它是人类最早采用定额进行工程造价管理的明确规定和文字记录之一，远远早于英国19世纪才出现的工料测量。

清朝的时候工部就编制颁布了《工程做法则例》，详细说明了如何算工、算料。为明晰计算造价，还制定了详细的料例计算规范——《营造算例》，那个时候还出现了专门负责工程估工算料和负责编制预算的部门——算房。它的职责是根据所提供的工程设计资料，计算出工料所需费用。

2. 我国近代建筑工程技术的发展

在鸦片战争以后，随着各个通商口岸的开放，许多西方的建筑工程技术思想被引入我国，使得我国传统的建筑工程技术发生了前所未有的变化，主要表现在引进工程承包、招投标制度等方面。

（1）建设工程承包的发展。鸦片战争之后，随着传统工匠制度的消亡和资本主义经营方式的引入，不少建筑工匠告别传统的作坊式经营方式，成立了营造厂（即工程承包企业）。1880年，川沙籍泥水匠杨斯盛（图1-8）开设了上海第一家由中国人创立的营造厂——杨瑞泰营造厂。这种营造厂属于私人厂商，早期大多是单包工，后期大多是工料兼包。营造厂的固定人员是比较少的，在中标与业主签订合同之后，再分工种经出大包、中包层层转包到小包，最后由包工头临时招募工人。

1893年由杨斯盛承建的江海北关署二期大楼（图1-9），为当时规模最大、样式最新的西式建筑，同时我国其他企业家开设的营造厂如顾兰记、江裕记、张裕泰、赵鑫泰等也逐步地形成规模。

到了20世纪初期，工程的承包方式呈现出多元化的发展趋势，一方面专业分工更为细致，出现了投资咨询、工程监理、招标代理、造价咨询等；另一方面建筑工程更加综合化，

图1-8　杨斯盛（1851—1908）

图1-9　1893年建成的上海江海北关署

如工程总承包、项目管理承包等。

（2）工程招投标的发展。随着租界的建立，工程招标承包模式也随之被引入我国。1864年，西方某营造厂在建造法国领事馆的时候首次引进工程的招标投标模式。到了1891年江海关二期工程时，人们还是不适应这种方式，当时招标只有杨瑞泰营造厂一家投标。但是1903年的德华银行、1904年的爱丽苑、1906年的德国总会和汇中饭店、1916年的天祥洋行大楼等工程项目，都由本地营造厂中标承建。20世纪20～30年代在上海建成的33幢10层以上的建筑主体结构全部由中国营造商承包建造。

20世纪初期，工程的招投标程序已经相当完备，其招标公告、招标文件和合同内容条款、评标方式、投标的评审、合同的签订、履约保证金等与现在的工程基本相符。

（3）詹天佑和中华工程师学会。在近代中国工程建设史上，乃至我国近代社会史上，詹天佑（图1-10）及其负责建设的京张铁路工程具有十分重要的地位（图1-11）。

图1-10　詹天佑（1861—1919）

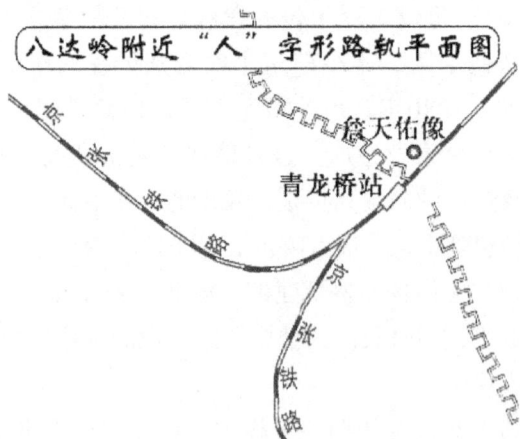

图1-11　京张铁路平面图

该工程于1905年9月动工，它是完全由中国自己独立筹资、勘测、设计、施工建造的第一条铁路，全程200多千米。铁路要经过高山峻岭，地形、地质条件十分复杂，桥梁隧道很多，工程任务十分艰巨。詹天佑承担了这项工程，他创造性地设计出"人"字形轨道，解决了山高坡陡行车危险的问题。该工程提前两年竣工完成，节省白银356774两，全部费用仅相当于外国承包商索取费用的1/5，而且工程的质量相当好。

在京张铁路的修筑中，詹天佑非常重视工程的标准化，主持编制了京张铁路工程标准图，包括桥梁、涵洞、轨道、路线、客车、机车房等共49项标准，是我国第一套铁路工程标准图，既保证了工程的质量，同时也为修筑其他铁路提供了借鉴资料。

1912年，詹天佑发起并组织了"中华工程师会"（后更名为中华工程师学会），并被推选为会长。他积极主持学会工作，并开展各种学术活动，创办并出版了《中华工程师学会会报》等刊物，这在那个被外国人讥笑为"修建铁路的中国工程师还没有出生"的年代，极大地推动了中国建筑工程技术思想的发展。詹天佑作为我国近代工程师的杰出代表，他的成就体现了中华民族的智慧，他的业绩是我国近代工程界的丰碑，他的精神永远是我国工程界的典范。

3. 我国现代工程技术的发展

自20世纪50年代以来，随着社会生产力的不断提高，大型及特大型的工程项目越来越多，并且人类的工程不再仅仅局限于以前的土木工程，出现了诸如航天工程、核武器研制工程、导弹研制工程等一系列工程，它们极大地推动了建筑工程技术思想的发展和完善。

受社会经济发展相对滞后的影响，这一阶段我国的建筑工程技术思想发展也滞后于发达国家。但由于建筑工程技术的普遍性和对社会发展的重要作用，在此期间我国在这些方面也取得了一些进展和成绩。在1954年，被誉为我国"导弹之父"的钱学森院士在主持导弹、火箭和卫星的研制工作与管理实践中，把工程实践中经常运用的设计原则和管理方法加以整理和总结，取其共性，提升为科学理论，出版了专著《工程控制论》。

在20世纪50年代，我国学习当时苏联的建筑工程技术方法，引入了施工组织计划与设计技术，用现在的观点来看，那时的施工组织计划与设计包括业主的工程建设项目实施计划和组织（建设项目施工组织总设计），以及承包商的工程施工项目计划和组织，其内容包括施工项目的组织结构、工期计划和优化、技术方案、质量保证措施、劳动力设备材料计划、后勤保障计划、施工现场平面布置等。

在20世纪60年代，华罗庚教授将网络计划方法引入国内，将它称为"统筹法"，并在纺织、冶金、建筑工程等领域中予以推广。网络计划技术的引入给我国的工程施工组织设计中的工期计划、资源计划和优化增添了新的内涵，提供了现代化的方法和手段，而且在现代项目管理方法的研究和应用方面缩小了我国和国际上的差距。

20世纪70年代，我国在重大项目建筑工程技术实践中引入了全寿命管理概念，并派生出全寿命费用管理、一体化后勤管理、决策点控制等方法。例如在上海的宝钢工程、秦山核电站等大型工程项目中相继运用了系统的建筑工程技术方法，保证了工程建设项目目标的顺利实现。

20世纪80年代以来，我国的建筑工程技术体制进行了改革，在建设工程领域引进了工程项目管理的相关制度。主要体现在：

（1）业主投资责任制，在投资领域推行建设工程投资项目业主全过程责任制，改变了以前建设单位负责工程建设，建成后交付运营单位使用的模式。

（2）建设监理制度，我国从1988年起开始推行建设工程监理制度。

（3）在我国施工企业中逐渐推行项目管理，推行项目经理责任制。

（4）推行了工程招投标制度和工程合同管理制度。

（5）在工程项目中出现了许多新的融资模式、管理模式，新的合同形式，新的组织形式。

1984年，鲁布革水电站（图1-12）在国内首先采用国际竞争性招标的方式，并通过合理的项目管理缩短了工期，降低了造价，取得了显著的经济效益，成为我国项目管理在建设工程方面成功应用的典范。此后，我国许多大中型的工程相继实行项目管理体制，逐步实现了项目资本金制、法人负责制、合同承包制、建设监理制等。至此，建筑工程技术思想在我国越来越多的工程领域中得到运用，为我国工程建设的蓬勃发展发挥了积极作用。

图1-12　鲁布革水电站

自20世纪90年代以来，伴随新型工业化的进程，建筑工程技术在社会经济发展中的地位和作用大幅提升，建筑工程技术得到全社会的高度重视，取得了长足的发展。现代建筑工程技术吸收、融合了系统论、信息论、控制论、行为科学等现代管理理论，其基础理论体系更加健全和完善。预测技术、决策技术、数学分析方法、数理统计方法、模糊数学、线性规划、网络技术、图论、排队论等现代管理方法的不断进步和有效应用，为解决建筑工程技术中各种复杂问题提供了更为有效的手段和工具，使建筑工程技术的技术方法日益科学化和现代化。计算机的广泛应用和现代图文处理技术及多媒体和互联网的使用，显著地提高了建筑工程技术工作的质量和效率。

近年来我国在三峡工程、青藏铁路、国家游泳中心（水立方）、国家体育中心（鸟巢）等重大工程项目实践中努力创新工程项目管理的技术手段和方法，拓展了建筑工程技术的应用空间，提升了建筑工程技术在重大工程项目建设中的地位（图1-13）。

(a) 三峡工程

(b) 青藏铁路

(c) 国家游泳中心（水立方）

(d) 国家体育中心（鸟巢）

图1-13 近年来我国部分重大工程项目

（1）三峡工程。举世无双的三峡水利枢纽工程建设工期长达17年，动态总投资超过2000亿元。从1993年开工至今，一方面，相继攻破了175m直立高边坡开挖的边坡稳定、大坝高强度混凝土浇筑、截流和深水围堰施工等各类技术难题；另一方面，三峡工程的建设，导致了13个城市、县城全部或者部分被淹没，动态移民量超过110万人。如此大规模的搬迁和重建，必须解决大量的工程技术、生态环境、文物保护和社会经济问题。三峡水利枢纽工程的建设全过程必然是建筑工程技术的全方位、高强度的应用过程。我国工程专家通过十多年的努力，在引进西方发达国家先进管理理念、方法和模型的基础上，结合三峡工程建设的实际情况，开发出了在国际工程项目管理领域处于领先水平、具有自主知识产权的"三峡建筑工程技术信息系统（TGPMS）"和"电厂运行管理信息系统（EPMS）"。TGPMS系统的投入使用，实现了跨部门、跨地域、全方位的规范化管理，对工程建设的进度、质量、安全和总投资控制等，发挥了重要作用。

（2）青藏铁路。全世界海拔最高的铁路——青藏铁路，全长1956km，海拔在4000m以上的路段有960km，总投资330亿元。工程建设面临着穿越世界上最复杂的冻土区等大量的技术难题，开创了世界上在极不稳定冻土区的高含冰量地质条件下"以桥代路"修筑路基的先例，确保了工程质量和进度。此外，青藏铁路修建过程中高度重视生态环境和野生动物的保护，环保投资超过12亿元，并为野生动物的迁徙设计了专门的路线，最大限度地降低了工程建设对生态环境的破坏，充分体现了我国建筑工程技术中的柔性化管理。青藏铁路的顺利通车和所取得的良好社会效应，标志着我国在复杂地理地形条件下，工程建设和建筑工程技术工作达到了相当高的水平。

（3）国家游泳中心（水立方）。作为北京奥运会标志性建筑之一的国家游泳中心——"水立方"，总投资达10.2亿元人民币，总建筑面积约8万平方米，高约30m，是世界上唯一完全由膜结构来进行全封闭的公共建筑。它的设计与建设完美地体现了北京奥运会"科技、绿色、人文"的三大理念。

①科技奥运。"水立方"攻克了三大科技难关，分别是钢结构关键技术、ETFE（乙烯-四氟乙烯共聚物）膜结构装配系统关键技术和室内环境系统关键技术，同时，在很大程度上填补了国内外在建筑科技领域的技术空白，LED景观照明、钢结构安全与健康监测、基于ETFE膜的大空间声学效果控制、热回收空调技术、智能应急照明控制系统……美轮美奂的"水立方"中体现的科技奥运元素不胜枚举。

②绿色奥运。"水立方"采用ETFE膜围护结构设计，通过腔通风、自然通风、自然采光等一系列的节能措施来降低建筑物的运行能耗，此外，"水立方"采用了大量专门措施降低自来水消耗，减少废水排放。全年可收集雨水1万吨、洗浴废水7万吨、游泳池用水6万吨，建筑物所需的绿化、冷却塔补水、护城河补水、冲厕及冲洗地面等用水全部通过废水回用解决，每年可减少废水排放量14万吨。

③人文奥运。"水立方"是北京奥运会唯一由港澳台侨胞捐资建设的奥运场馆，它处处体现对运动员、观众的人文关怀，赛场内的直饮水处理设备、多语言智能引导系统、快速泳池设施、地板采暖、无障碍设施等技术，为观众和运动员提供舒适、安全、便捷的比赛和观赛环境。

（4）国家体育中心（鸟巢）。作为北京奥运会最重要的标志性建筑——"鸟巢"，总投资27亿元人民币，建筑面积28.5万平方米。它的建筑顶面呈现马鞍形，长轴为332.3m，短轴为296.4m，最高点高度为68.5m，最低点高度为42.5m，是世界上最大的钢结构建筑体育馆。

鸟巢是一个大跨度的曲线结构，有大量的曲线箱形结构，设计和安装均具有很大的挑战性，在施工的过程中处处离不开科技的支持。它采用了当今最先进的建筑科技，全部工程共有30多项科研难题，其中面临的钢结构难题更是世界上独一无二的。我国的科技工作者和建设建筑工程技术人员经过不懈的努力，不仅攻克了一个又一个技术难关，而且还节约了大量的建设成本。

随着工程建设规模的迅速扩大和建造难度的不断增加，建筑工程技术行业所面临的形势和实践过程中诸多亟待解决的实际问题推动建筑工程技术的学术研究不断深入。我国最具权威的科研机构——中国工程院于2000年成立了建筑工程技术学部，这是国内学术界对建筑工程技术学科地位认同的重要体现。2007年4月中国首届建筑工程技术论坛在广州举行。论坛以我国建筑工程技术发展现状及关键问题为主题，交流了建筑工程技术的先进理念和成功经验，探讨了建筑工程技术行业未来的发展趋势。论坛的成功举办有力地推动了我国建筑工程技术行业和学科的发展。

伴随着国家社会经济的持续发展，特别是新型工业化进程的加速推进，建筑工程技术在基础理论和技术方法上都得到了全面的发展。一方面，系统工程、科学管理、运筹学、价值工程、网络技术、关键路线法等一系列理论和方法诞生并被应用于工程实践，逐步发展成为管理科学的核心理论和方法。另一方面，现代科学技术的飞速发展和社会经济领域对建筑工程技术行业的巨大需求，为建筑工程技术的进一步完善和发展提供了广阔的空间，注入了新的活力，促使建筑工程技术理论和技术体系不断健全和完善，推动建筑工程技术逐步成为社会经济发展中具有重要地位和作用的行业。

四、南通铁军与南通知名建筑企业

2011年度江苏省建筑业"百强企业"综合实力排名中，作为著名建筑之乡的南通共有34家企业进入百强，约占"百强"总数的1/3，名列全省各市之首。其中，苏中建设集团股份有限公司、南通二建集团有限公司、南通三建集团有限公司、南通建筑工程总承包公司、南通四建集团有限公司、龙信建设集团有限公司6家企业杀入前10强，其中，苏中建设集团股份有限公司、南通二建集团有限公司分列第一、第二位。南通四建装饰工程公司跻身建筑装饰装修类10强之列。江苏蛟龙重工集团有限公司跻身建筑钢结构类10强。江苏启安建设集团有限公司名列建筑安装类10强企业的榜首。以南通三建集团有限公司、南通六建集团有限公司、南通建工集团股份有限公司、江苏中信建设集团有限公司为代表的南通建筑铁军的"海外兵团"杀入建筑外经类企业10强，显示了南通铁军在江苏建筑业中的主力军地位。

1. 南通铁军

建筑业是南通的传统产业、富民产业，它对全市经济的贡献率一直保持在10%左右，它成为吸纳南通农村剩余劳动力最大的产业。在全市各行各业中，建筑业最先走向市场，"南通铁军"已经形成以同一地域名称冠名的强势企业群体，并成为中国建筑业最有价值和最著名的品牌之一。

新中国成立以前，由于基础贫弱，发展缓慢，南通还没有形成独立的建筑行业。新中国成立后，南通建筑业崭露头角，先后参与首都十大建筑、南京长江大桥建设等施工任务，南通建筑公司的艰苦创业精神闻名全国，被朱德赞誉为"老八路"精神，南通建筑业成为全国建设战线上的一面红旗。改革开放以后，南通建筑业迎来了春天，进入了全新的发展时期。也就是在改革开放初期，南通建筑业在国内外打出并打响了"南通铁军"的品牌。

南通建筑企业先后承接、参与了人民大会堂、大庆油田矿区、拉萨饭店、世博场馆等的建设工作。其中，英国馆获得国际建筑最高奖——英国皇家建筑大奖；西藏拉萨饭店获中国建设工程"鲁班奖"，如图1-14、图1-15所示。

图1-14　1958年5月1日，刘少奇、周恩来在人民大会堂工地慰问南通建筑工人

图1-15　西藏拉萨饭店（1998年度荣获中国建设工程"鲁班奖"）

截至2010年，南通市建筑企业共获得鲁班奖65项，居全国地级市之首。"南通铁军"这个品牌的真正打响、打出影响，是靠在大庆、新疆、西藏、上海等一大批优质工程打拼出来的。20世纪80年代初，南通建筑业开辟境外建筑市场，向伊拉克、科威特等中东国家输出劳务，实现了由内向型经济到外向型经济的转变，奠定了建筑业在南通国民经济中的支柱产业地位。

在一场场阵地战、遭遇战当中，南通建筑队伍一次次打出了"铁军"的威风，2010年，全年完成建筑业总产值2650亿元。施工产值超100亿元的企业有6家。2011年，南通建筑业力争完成总产值突破3000亿元。当年以乡镇集体建筑队伍为主体走向全国、走向世界的南通建筑业，经过改革开放30多年的发展，造就和形成了市场覆盖广阔、人力资源丰富、经营管理灵活等诸多优势，增强了竞争能力，塑造了"铁军"形象。

2. 南通知名建筑企业

建筑业是南通国民经济的支柱产业，更是富民强市的优势产业。作为建筑大市，南通市建筑业总产值多年来一直名列全省第一。在近年来的宏观经济调控中，南通市建筑企业充分利用自身的优势和基础，推动组织结构、专业结构、队伍结构的优化升级，改变过去依靠拼人力、拼设备的粗放型增长方式，转变为重内涵、重效益的集约型增长方式，形成了有南通特色的建筑产业新格局。

（1）苏中建设集团股份有限公司。江苏省苏中建设集团股份有限公司为国家首批房屋建筑施工总承包特级资质企业，具有对外签约权（图1-16）。

图1-16　江苏省苏中建设集团股份有限公司Logo与总部大楼

公司现有注册资本金3.21亿元，净资产4.2亿元。2008施工面积近两千万平方米，施工产值达121亿元。公司现有工程技术和经济管理人员4850名，其中高级职称人员183名，一级建造师125名。历年来，获全国优秀项目经理称号9人次、省级优秀项目经理称号36人次。

多年来，公司充分发挥自身人才、设备和技术优势，积极跻身上海、北京等26个主要国内市场和俄罗斯、中东、苏丹、新加坡等国际市场。所到之处，以过硬的作风、精湛的技术体现出了精锐之师的"铁军"风采，赢得了较高的市场信誉。先后承建了上海盛大金磐花园、上海梅陇城世纪苑、内蒙古国航大厦、北京皇冠大厦、北京中科院青年小区、南京益来广场、哈尔滨工大科技园、石家庄庄园综合楼、沈阳昌鑫置地广场、深圳碧湖酒店等一大批大跨度、高难度的大型工程。荣获鲁班奖及国家优质工程奖（含参建）共18项，部省优质工程奖300多项（图1-17）。

(a) 盛大金磐花园Ⅱ标段工程
(2006年荣获中国建设工程"鲁班奖")

(b) 国航大厦
(2000年荣获中国建设工程"鲁班奖")

(c) 青岛太平洋中心公寓楼
(1997年度荣获中国建设工程"鲁班奖")

(d) 内蒙古博物院
(荣获中国建设工程"鲁班奖")

图1-17 江苏省苏中建设集团股份有限公司部分建筑工程作品

　　扎实的工作，一流的管理，过硬的品质，优质的服务，使公司屡获殊荣，先后荣获"全国先进建筑施工企业""全国质量管理优秀企业""全国守合同、重信用企业""ENR2004年中国承包商60强"（第28名）、2009年度"江苏省建筑企业综合实力20强"（第一名）、"江苏省先进建筑企业""江苏省建筑业最佳企业""江苏省知名建设承包商""江苏省文明单位"等称号；连续十年被中国建设银行江苏省分行评为"江苏省AAA级资信企业"；集团在国家统计局公布的中国最大500家大企业中荣列第321位。2006盛大金磐花园Ⅱ标段工程荣获中国建设工程鲁班奖；2008年度内蒙古自治区农牧业厅科研楼工程、大庆炼化公司30万吨/年聚丙烯工程荣获国家优质工程奖；2005年苏州东湖大郡项目、2008年北京万科四季花城I期、II期项目获得中国土木工程詹天佑奖；2007年度七台河市党政办公中心项目荣获国家优质工程奖。2008年荣获全国"五一劳动奖状""江苏省建筑业综合实力30强"（第一名）、"创鲁班奖特别荣誉企业""全国安康杯竞赛优胜企业连胜杯""全国优秀施工企业"、"中国工程建设信用AAA级企业""江苏省五一劳动奖状"。

在WTO平台上，在世界经济一体化、国内竞争国际化的大趋势下，公司将竭尽全力，以观念创新为先导，进一步加大科技创新、体制创新、管理创新力度，逐步完善现代企业制度，全力打造企业的核心竞争力，为使企业做大做强、加快国际化进程奠定坚实的基础。

（2）南通二建集团有限公司。江苏南通二建集团有限公司（图1-18）1999年被建设部列入全国58家试点建筑企业集团，注册资金31384.98万元，拥有总资产36亿元，净资产10.4亿元，具备房屋建筑工程总承包特级资质、市政公用工程施工总承包和机电设备安装工程专业承包、建筑装修装饰工程专业承包3个一级资质，以及机电安装工程施工总承包和地基与基础、起重设备安装、园林古建筑、消防设施专业承包5个二级资质。

图1-18 江苏省南通二建集团有限公司Logo与总部大楼

集团公司现有区域公司19个，控股、参股子公司28家，拥有员工25000余名，各类专业技术人员3200多人。其中高级职称人员106人，中级职称人员407人，一级项目经理141人，二级项目经理290人，一级建造师38人。在以上海为轴心的长三角大市场、以北京为轴心的环渤海湾大市场和以各省会省辖城市为轴心的省会大市场等三大市场体系承建工程项目。

集团公司塑造"追求卓越、创造财富"为核心内容的企业文化，打造"团队、创新、务实、诚信"的企业精神：近三年确立了"拓宽大市场、发展大建筑、打造大品牌"三大经营战略，贯彻"每位员工，做每件事，都要预防为主；每个工程，每项服务，都让顾客满意"的质量方针，精心打造精品名牌工程。近五年来，承建工程合格率100%，优良率达85%以上。先后创出九项中国建设工程"鲁班奖"、42项上海市"建筑工程白玉兰奖"、59项江苏省"扬子杯"优质工程奖、21项北京市"建筑长城杯"奖（图1-19）。

目前，集团公司年施工能力1000万平方米，年完成总产值100亿元。先后通过T1509001标准、T15014001标准和GB/T 28000标准的认证审核。先后获进沪优秀施工企业、进京优秀建筑施工企业、江苏省建筑业"最佳企业"、江苏省A等级资信企业和全国"守合同、重信用"企业等称号，1998年、2002年两度被评为全国优秀施工企业，2003年名列江苏省20强建

(a) 苏州润华环球大厦B楼
(2012年度荣获中国建设工程"鲁班奖")

(b) 南通大学附属医院综合病房楼
(2009年度荣获中国建设工程"鲁班奖")

(c) 苏州工业园区综合保税大厦
(2012年度荣获"国家优质工程奖")

(d) 南京奥体中心游泳馆
(2006年度荣获江苏省"扬子杯"优质工程奖)

图1-19 江苏南通二建集团有限公司部分建筑工程作品

筑企业第2名，2004年进入中国企业500强行列，荣膺中国建筑业领先企业称号。

（3）南通三建集团有限公司。江苏南通三建集团有限公司（图1-20）是创建于1958年的全国知名建筑施工企业。经过半个多世纪的艰辛创业，特别是改革开放以来，公司坚持科学发展观、抢抓机遇、开拓创新，综合实力显著增强，竞争力得到快速提升，目前企业已经成为集房屋建筑施工总承包特级资质，市政公用工程施工总承包一级资质，机电设备安装、建筑装修装饰、钢结构三个专业承包一级资质以及机电安装工程总承包，地基与基础、高耸构筑物、消防专业承包二级资质为一体，拥有对外经济技术合作权以及房地产开发公司、工程总承包公司、设备安装公司、装饰装潢公司、材料租赁实业公司等多个子公司，目前已成为江苏省最具实力的建筑企业集团之一。

2011年8月29日，江苏南通三建集团有限公司入选中国建筑施工企业联合会评选的中国建筑500

图1-20 江苏南通三建集团有限公司Logo

强，排名第49位；2007年年底，公司生产总量已连续16年领先全省同行企业，连续多次名列"江苏省建筑业20强企业"前茅，2004年、2005年、2006年、2007年分别荣列"中国承包商60强企业"第20名、第15名、第14名、第17名；2005年、2006年、2007年连续获得"中国企业500强""世界知名承包商225强"荣誉称号，并多次荣获中国建设工程"鲁班奖"（图1-21）。如今，公司在北京、上海、天津、青岛、南京、辽宁、济南、西安、西宁、大庆、新疆、苏州、南通、合肥、重庆等地形成经营基地，在新加坡设有境外公司，企业经营地域覆盖国内28个省、自治区、直辖市的100多个大中城市及新加坡、阿尔及利亚、日本、俄罗斯等国外30多个国家和地区。

上海闸北区文化馆和大宁社区文化活动中心（2012年度荣获中国建设工程"鲁班奖"）

图1-21 江苏南通三建集团公司建筑工程作品

（4）南通建筑工程总承包有限公司。南通建筑工程总承包有限公司成立于1952年4月，是江苏乃至全国成立最早的建筑公司之一。公司现具有国家房屋建筑工程施工总承包特级资质、机电设备安装工程专业承包、建筑装修装饰专业承包、起重设备安装工程专业承包、消防设施工程专业承包、地基与基础工程专业承包、钢结构工程专业承包6个专业承包一级资质、市政公用工程总承包二级资质。

公司拥有工程技术经济及各类管理人员1100余人，各类职称人员700余人，其中教授、研究员级高级工程师4人，高级职称人员61人，一级建造师和一级项目经理共140人，二级建造师和二级项目经理共265人。

公司于1997年通过ISO9002质量体系认证，2003年通过ISO14000环境体系、OHSAS18000职业安全健康体系认证，成为全市最早完成"三位一体"贯标体系认证的施工企业。公司下辖19个土建分公司和7个专业分公司。

公司有着光荣的发展历史，五十年前，公司就以"政治挂帅，勤俭办企业"的"老八路"作风闻名全国，成为全国建设战线的一面红旗。1958年3月27日，《人民日报》以头版版面，报道了南通建筑公司政治经济拧成一股绳、勤俭办企业的消息，并配发了社论，号召全国学习南通建筑公司。1958年8月16日中央发文（中发[58]683号），向全国推广南通建筑公司"干部参加劳动、群众参加管理和开展技术革新运动"的先进经验。公司曾参加20世纪50年代首都十大建筑施工，60年代南京长江大桥建设和70年代唐山地震灾后重建等国家重点工程建设，为国家基本建设和经济发展做出了贡献。

近年来，公司加大改革与发展步伐，在深化内部各项改革的基础上，完成了企业产权制度改革，建立了新的股份制企业。

公司大力倡导"艰苦创业，敢为人先"的企业精神，勇于改革，积极创新，努力突破企业发展瓶颈，走上了一条快速发展的道路。近六年来，企业的产值规模每年以近50%的速度快速增长，2005年企业营业额达32.15亿元。实现利税每年大幅度递增，职工收入水平不断提高。

公司积极开拓国内外市场。目前，国内市场已覆盖到北京、上海、天津、山东、河北、内蒙古、新疆、海南、广东、广西以及江苏的南京、苏州、无锡、常州、徐州、南通等地。近年来，承建了无锡体育中心体育馆、南通体育会展中心体育会展馆等超大规模的公用建筑工程，南通醋酸纤维有限公司、南通天生港发电有限公司等大型群体工业建筑工程，北京金海国际花园、上海天山路住宅小区、南京邮电学院教学楼、南通有斐大酒店以及无锡市最高建筑——三阳城市花园等一大批重点工程和标志性建筑。海外市场迅猛发展，近年来，承建了中国驻津巴布韦大使馆经商处办公楼、住宅楼，津巴布韦人力资源委员会总部大楼；中国驻秘鲁大使馆经商处办公楼；中国援建几内亚比绍老战士住宅区；莫桑比克CAIA初级中学等一批有影响的工程。目前在建的苏丹Alsalam水泥厂工程，合同额达4000万美元，是南通市建筑企业在海外承建的最大项目。

公司认真实施"建精品工程，树诚信形象，展铁军风采"的质量方针，努力提高工程质量和服务质量，先后获得鲁班奖4项、省级优质工程奖69项、市级优质工程奖150项。

公司坚持物质文明、精神文明、政治文明一起抓，坚持以人为本的方针，注重企业文化建设，大力开展"建高楼育新人"活动，各方面工作都不断跃上新台阶。公司近年来先后获得"全国优秀施工企业""全国先进施工企业""2005年中国承包商60强""全国用户满意企业""全国工程建设质量管理优秀企业""全国施工企业设备管理优秀单位""全国建筑新技术应用先进集体""全国建筑安全生产先进集体""江苏省建筑业20强企业""江苏省建筑外经10强企业""江苏省AAA重合同守信用企业""南通市文明单位""南通市先进基层党组织"等称号。

（5）南通四建集团有限公司。南通四建集团有限公司（图1-22）创建于1958年，具有房屋建筑工程施工总承包特级资质；消防设施工程、机电设备安装工程、钢结构工程、起重设备安装工程、电梯安装工程专业承包一级资质；具有建筑智能化工程设计与施工一体化、建筑装修装饰工程设计与施工一体化、建筑幕墙工程设计与施工一体化一级资质；市政公用工程施工总承包二级资质；附着升降脚手架、高耸构筑物工程专业承包二级资质。有一级锅炉安装、修理、改造和GB1、GB2、GC2压力管道安装专业施工许可证，有承包本行业境外工程和境内国际招标工程的对外签约权，能总承包高层与超高层建筑工程、大中型成套设备安装工程、大中型市政工程以及室内外高级装饰、装潢和水暖电卫工程。通过ISO9001：2000质量管理体系、ISO14000环境管理体系、OHSASL8001职业安全健康管理体系认证。

公司注册资金3.058亿元，拥有员工4万余人，各类经济技术职称人员1593人，高级职称109人，中级职称306人；有国家一级注册建造师233人，国家二级注册建造师267人；公司拥有各类大中型机械设备3800台套。南通四建集团有限公司南通分公司原名为南通四建南通办事处，始于1979年，

图1-22 南通四建集团有限公司Logo

1990正式注册成立南通分公司，现拥有员工1000人，各类经济技术人员100人，其中高级职称8人，中级职称16人，有各类大中型设备100余台套。

南通四建集团有限公司南通分公司自1979年以来，多年被评为"南通市优秀企业""南通市重合同守信用企业""工程质量、施工安全、经营范围、队伍管理、文明施工、科技进步优秀施工企业""南通市信用管理手册优秀企业"。由公司土建承包的南通醋酸纤维有限公司二期醋酸纤维素扩建工程（三期）2.5万吨/年醋片装置获2001年鲁班奖，南通市工学院主教学楼、东教学楼、西教学楼、泰州电讯大楼、南通市崇川区人民法院审判办公楼等获江苏省"扬子杯"优质工程奖14项，南通市"优紫琅杯"优质工程奖55项，省级文明工地45项，市级文明工地116项。

公司现有南通四建集团建筑设计院有限公司（甲级）、南通耀华建设工程质量检测有限公司、南通市华德房地产有限公司、新沂通新生物质环保热电有限公司等十七个控股子公司，打造以建筑业为主（集工程设计、工程施工、工程检测、房地产开发等资质齐全的企业系列），以房地产开发、热电投资为辅的多元化、集团化的企业。公司下设上海、南京、北京、海南、苏州、南通、广东、青岛、新疆、厦门等十四个驻外机构，建筑装饰装修、消防设施安装、机电设备安装、市政公用工程四个专业分公司，上海、南京、北京六个工程项目管理公司，十四个土建工程处，十一个安装处，施工队伍分布在全国二十多个省市和新加坡、美国、日本、土耳其等地。公司年施工面积逾千万平方米，2008年企业营业额120.45亿元。

公司先后承接了数百项国家和省、市级重点工程，截至2008年获鲁班奖16项，国家优质工程银奖7项、詹天佑奖1项、全国用户满意工程5项、江苏省"扬子杯"优质工程奖107项、上海市"建筑工程白玉兰奖"43项，以及其他省级以上优质工程奖400多项；多次荣获"中国建筑500强""全国优秀施工企业""全国用户满意施工企业""全国建设系统精神文明建设先进单位""全国守合同重信用单位""江苏省文明单位标兵"等荣誉称号。

（6）龙信建设集团有限公司。龙信建设集团有限公司（图1-23）始建于1958年，为房

图1-23 龙信建设集团有限公司Logo

屋建筑工程施工总承包特级企业。公司位于"建筑之乡"江苏省海门市，是"南通铁军"的佼佼者。公司先后获得"全国工程建设管理先进单位""全国集体建筑企业全面质量管理优秀企业（金屋奖）""全国优秀施工企业""江苏省建筑业最佳企业""AAA特级资信企业"等荣誉称号；公司连续三年跻身江苏省建筑业综合实力30强企业前10名，并入选2009年度中国承包商和工程设计企业"双60强"；公司还连续五年获中国建设工程"鲁班奖"（图1-24）。

20多年来，公司坚持走住宅产业化发展之路，在民用建筑领域践行全装修总承包管理模式，向上延伸发展：开发、设计、工程总承包；向下延伸发展：装饰业、智能化、建材业、物业管理，逐步完善了"研发、设计、施工、服务"一体化的商业模式，并形成了"科技研发、房产开发、总承包施工、工业化生产"四大产业板块。

(a) 第十二届全国运动会安全保卫指挥中心　　　(b) 沙特达曼双塔大楼

图1-24 龙信建设集团有限公司部分精品建筑工程

科技研发是龙信公司持续发展的引擎和发动机。近年来，公司依托"省级技术研发中心"和建设部"住宅性能研发基地"两个平台，不断加大科技创新力度。目前，研发中心下设一个研发基地、一个检测试验室、一个房屋超市、一个建筑构造及装修部品件展示中心。研发中心有试验及研发人员47人，其中包括博士1人，硕士2人，研究员级高级工程师1人，高级工程师8人，兼职教授专家10余人。3年完成国家级工法8项、省级工法8项，申报发明专利2项，实用新型专利15项。

公司还编辑出版了《全装修住宅分户验收导则》，参编了《住宅工程质量技术导则》《施工现场远程监控系统运用技术规程》《老年住宅开发和经验模式》等书；主编了《石膏砌块砌体技术规程》《木复合门》《冷弯薄壁型钢多层住宅技术规程》等3项建设部行业标准；参编了《木门窗》《既有建筑性能评定标准》等2项国家标准；开展了建设部组织的《国内住宅工程质量状况及中外住宅工程监督管理制度比较》的课题研究。

今后，将继续根据公司的主业和产业链，加大住宅性能研究，节约、节能研究，新材料、新工艺、新技术的研究，质量通病产生及防治措施的研究，国家行业标准编制的研究力度。同时，加大与科研院所的合作，不断培养企业科技创新人才，提升企业自主科技研发能力。

房产开发是龙信公司总承包管理模式和住宅产业化发展的试验基地和人才、技术的孵化器。龙信公司从不为了开发而开发，也不单纯为了赚钱而开发。始终坚持开发高品质、节能、环保、绿色，引领国家产业发展方向的全装修住宅。公司先后投资30多亿元，在上海、武汉、南通、海门开发全装修住宅40多万平方米。公司开发的楼盘先后获得省市级"优秀住宅·科技应用奖" "江苏绿色健康型理想住宅"等荣誉称号，以及建设部2A级住宅性能认定。通过房产开发，为国家住宅产业在低碳、绿色、节能建筑、项目管理模式创新方面做了许多有益的尝试，积累了丰富的经验。

全装修住宅总承包管理模式是国家产业倡导的方向。早在20世纪90年代，龙信公司在国内率先尝试全装修住宅总承包施工管理模式，现阶段总承包施工管理项目有20多个，年交付全装修住宅2万多套，产值40多亿元。

工厂化生产是龙信公司追求住宅产业化施工、装配式生产的探索与尝试。龙信公司现有住宅产业园一个，生产厂房12600多平方米、机械设备流水线5套、大中型机械化加工设备60多台。生产操作员工290多名，现场安装工人90名，技术管理员工50多名（其中高级工程师11名，中级技术和管理人员21名），木门、板式家具制造、石材加工、铝合金门窗制造年产值达5亿多元。

新时期，龙信公司提出了"打造百年龙信"的战略目标，将继续坚持走住宅产业化发展道路，围绕全装修总承包管理模式"做精、做强、做大、做久"，努力为社会提供更多绿色、环保、科技、节能的建筑产品，为我国低碳经济、住宅产业化做出更大的贡献。

思考题

1. 什么是建筑工程？
2. 你认为建筑工程行业的发展如何。
3. 南通建筑业的发展对你有何启示？

专题二 感知职业

一、学院的办学特色及优势

江苏工程职业技术学院是江苏省第一批升格的高职学院，学院前身为我国最早的纺织职业教育机构——张謇（图2-1）先生创办的"南通纺织染传习所"，具有悠久的职业教育历史传承。在长期的发展过程中，该校秉承"学必期于用，用必适于地"的办学理念，逐步确立了"围绕纺织服装行业，培养高素质高技能人才"的办学定位，探索和实践"知行并进，学做合一"的人才培养模式，综合实力以及人才培养质量和水平明显提升。学院现有省级优秀教学团队1个，省级以上优秀教学成果4项，省级以上品牌（特色）专业8个，省级以上精品课程5门，国家级"十一五"规划（优秀）教材26门。学院拥有中央财政支持的实训基地1个，国家级职业资格培训中心1个，省级工程中心1个，省级示范性实训基地1个，省级实验教学示范中心1个，国家职业技能鉴定所1个。学院毕业生就业率连续五年达到100%，连续五年被江苏省教育厅

图2-1 张謇（1853—1926）

评为"毕业生就业工作先进集体"。2005年被国家七部委授予"全国职业教育先进单位",被全国纺织教育学会表彰为"全国纺织教育先进单位"。

学院主动适应纺织服装产业技术提升、增长方式根本性转变的客观要求,充分发挥学校纺织服装专业集群优势,坚持以服务为宗旨、以就业为导向、以重点专业建设为龙头,不断增强社会服务及其辐射能力。学院现有省市级工程中心、公共技术服务平台5个,教师获得市级以上纵向项目48项,横向项目132项,省级以上科技进步(成果)奖24项,项目成果为企业带来直接经济收益近2亿元。学院积极响应教育部对口支援行动计划和江苏省对口支援苏北教育的号召,与内蒙古、新疆、甘肃等省的3所纺织类高职院校、2所职业院校和省内3所高职院校签订了对口支援协议,培训专业骨干教师178人,受惠学生达1.4万多人。

学校现有全日制在校学生1万多名,是一所以工科为主体的综合性高校。现设有纺织、染化、机电、信息、艺术、服装、经贸、外语、建工、社会科学、体育与军事11个系部以及继续教育、国际合作、堪培门3个二级学院。设置52个专业(方向),传统专业突显品牌特色,新设专业贴近社会需求,拥有12个院级试点专业,8个省级以上品牌、特色专业(含建设点),其中,现代纺织技术专业、服装设计专业、纺织品设计(家用)专业、染整技术专业为国家示范建设专业,"现代纺织技术"被列为省级教学改革试点专业、国家级教学改革试点专业和教育部精品专业建设项目,"新型纺织机电技术""电子商务"等两个专业被列为江苏省特色专业,"染整技术""服装设计""艺术设计(家用纺织品设计)""国际商务""软件技术"5个专业被列为江苏省特色专业建设项目。

学校着力打造一支师德高尚、理念先进、教学水平高、实践教学能力强、专兼结合、结构合理的师资队伍。现有专职教师466人,兼职教师210人,其中拥有正级、副高级职称的占33%,75%以上的专业课教师具备"双师型"素质,硕士研究生及以上学历占青年教师总数的78%。此外,聘请中国工程院院士、国内知名高校的专家名师担任学院的兼职教授。

学校弘扬张謇"学必期于用、用必适于地"的职教思想,创新高职教育教学理念,不断探索工学结合人才培养模式,积极与企业实行教学、科研、生产等方面优势资源的集成与整合,在办学方向、专业设置、课程开发、师资培养、实验室和实训基地建设、人才培养等方面展开全面合作。学校以服务地方经济社会发展为己任,大力推动"产学研"一体化建设,积极为社会提供培训服务和技术服务,取得了可喜的经济效益和社会效益。学校秉持开放办学的理念,较早地成立了中澳合作的江苏工程职业技术学院堪培门学院,与新加坡南洋理工学院结成友好学校,常年邀请国外专家学者来校任教和讲学,定期选派教师出国培训,在开展国际合作交流中不断增强办学水平和影响力。

学校坚持"以学生为本"的教育理念,实行思想素质、人文素质、科学素质、职业素质"四位一体"的素质教育。学校积极开展"三风"建设,形成了优良的校风和学风。通过推行"学分制""弹性学制""毕业生双证书制"等制度和专业教师工作室等机制,加强对学生的实践能力的培养。学校以就业为宗旨,积极开展大学生就业指导和服务工作,不断提高学生的就业能力和创业、创新能力,多年来,学校毕业生就业率一直保持省内领先地位,连续多年被评为"江苏省毕业生就业工作先进集体"。

学校以质量求生存，以特色谋发展，职业教育成绩显著，先后荣获"全国职业教育先进单位""全国纺织教育先进单位""全国普通高等学校毕业生就业工作先进集体""江苏省职业教育先进单位""江苏省高等学校思想政治教育工作先进单位"等一系列荣誉称号。现已成为江苏纺织服装职教集团理事长单位、中国纺织服装教育学会副会长单位、中国高等职业教育研究会常务理事单位，学院在全国纺织类学校和江苏省高职院校中享有较高的地位和良好的声誉。

二、建筑工程学院及其专业简介

建筑工程学院依托江苏建筑大省、南通建筑强市的行业背景，坚持与建筑行业协会和龙头企业紧密合作，准确定位人才培养目标，重点建设工程造价、建筑工程技术、建筑装饰技术、道路桥梁工程技术、建筑工程质量与安全技术管理、楼宇智能化技术专业，与西澳中央技术学院合作培养行业稀缺的国际工程造价人才，拓展国际交换生、留学生项目；与南京工业大学合作工程管理专业"专接本"项目，打通学生学历上升通道。

目前，学院在校生1500多名、专职教师37名。学院注重教学能力和行业服务能力并进的"双师型"教师队伍建设，现有教学名师、江苏省科技高端人才、江苏省建设工程评标专家、行业考评员20多人次。建设了教师带队项目工作室，提供了学生共同参与的测量、造价、施工、网络等领域项目平台。

建筑工程学院坚持校企合作，共同育人，已与49家建筑龙头企业签订实训基地协议，与5家企业共建校内实训室，聘请了54位客座教授或校外兼职教师，实施"到工地教学、到项目实践、到企业实习"的现场教学，强化学生职业技能，学生就业优势明显，毕业生就业率一直保持100%。毕业生供不应求，深受合作企业和就业单位的欢迎。

建筑工程学院定位为区域建筑行业施工企业服务，培养在生产一线所需的技术管理人才，6个专业遵循这个原则，在各自的专业领域培养人才、发挥作用。6个专业相辅相成，显示各自特色。现将6个专业方向作简要介绍。

（1）工程造价专业。面向建筑、装饰、水电安装施工企业和工程造价咨询、招投标代理机构及建设单位等，培养从事土建、装饰与安装工程的预结算、工程量清单及招投标文件的编制、造价文件审核、现场施工技术方案实施与成本控制、建筑工程测量与资料管理等工作的技术技能型人才。

毕业生就业初期可直接胜任资料员、施工员、造价员等岗位；3~5年后可胜任造价经理、成本管理等岗位；远期可胜任成本或合约经理、企业经营管理负责人等岗位。

（2）建筑工程技术专业。建筑工程技术专业培养在施工、监理、建设等单位从事测量员、施工员、资料员、质检员、安全员、造价员等工作的生产建设第一线建筑工程技术与管理的高端技能型人才。

毕业生就业初期可胜任建筑工程测量、施工现场施工管理、建筑工程资料管理、现场施工成本核算等岗位，从业3~5年后可胜任现场施工技术方案实施、施工现场安全及质量管理、建筑工程预决算编制、监理单位现场管理、建设单位现场管理等岗位，10年后可胜任施工企业项目经理、建设单位工程管理等岗位。

（3）建筑工程质量与安全技术专业。建筑工程质量与安全技术专业是新兴专业，是顺应国家对建筑安全新形势、新要求建设的一个专业。2012年国务院下发《国务院关于坚持科学发展安全发展促进安全生产形势持续稳定好转的意见》（建质[2012]6号）的通知，通知中指出，"安全生产事关人民群众生命财产安全，事关改革开放、经济发展和社会稳定大局，事关党和政府形象"，同时通知提出，"充分发挥职业院校和社会化培训机构作用，建立政府部门、行业协会、施工企业多层次培训体系，加大安全教育培训力度"。

建工系于2011年筹建该专业，建筑安全专业人才培养处于空白，目前，包括我校在内，全国仅有两所高职高专院校开设该专业，因此，行业、企业对建筑安全人才需求非常紧迫。

我院建筑工程质量与安全技术专业培养具备建筑工程安全生产管理、安全技术管理、现场安全管理等实际工作能力，在建筑施工、建设、监理单位或建设行政主管部门等单位，从事施工安全生产管理、质量管理等工作的高端技能型人才。

学生毕业后可直接担任专职安全员、安全监理员、企事业单位安全生产管理人员，同时还可以担任资料员、质检员等工作，从业3～5年可胜任项目安全生产负责人、企业安全生产经理，同时还可以担任中小型项目质量技术负责人，10年以后可以担任企业安全总监、工程总监、公司主管安全生产负责人等岗位。

（4）建筑装饰工程技术专业。建筑装饰工程技术专业主要培养掌握以建筑装饰工程施工、生产管理为核心的基本理论知识，具有建筑装饰工程招投标、建筑装饰工程预算、施工技术、施工管理等方面职业能力，在建筑装饰行业企业从事施工组织与管理、施工技术指导、施工预算、材料管理等职业岗位群的高端技能型人才。

毕业生就业初期可直接担任建筑装饰施工企业施工员、资料员、质检员、造价员等岗位，从业3～5年后可担任装饰施工企业项目技术负责人、装饰施工企业生产经理、装饰企业造价主管等岗位，10年以后可胜任装饰施工企业项目经理、装饰施工企业技术总工程师、建设单位项目总监等岗位。

（5）市政工程技术专业。市政工程分为大市政项目和小市政项目，大市政项目通常包括城市道路、桥梁、给水、排水、燃气、生活污水处置、路灯照明等多方面，特大城市的地铁、轻轨也属于城市市政建设的范畴。而小市政项目通常指的是给排水管网、城市道路、城市桥梁工程。而目前市政施工企业主要是从事小市政项目，其他市政工程都是由专业公司来承担。随着城市化进程的加快，城市越来越大，人口越来越多，向地下要空间越来越迫切，因此我们除了讲授小市政项目的专业知识外，还强调地下工程专业知识的学习。

我院市政工程技术专业的培养目标是学生毕业后可直接胜任市政工程测量、施工现场管理、工程资料管理、工程试验、现场施工成本核算等岗位，3～5年后可胜任现场施工技术方案实施、施工现场安全及质量管理、工程预决算编制、监理单位现场管理、建设单位现场管理等岗位，5～10年后可胜任施工企业项目经理、监理单位总监、建设单位工程管理等岗位。

（6）楼宇智能化工程技术。本专业包括智能楼宇、安防工程两个专业方向，学生入学一年后，根据行业发展结合个人爱好选择专业方向学习。培养掌握楼宇综合布线、安防技防部署、楼宇数据中心机房建设、楼宇音频视频会议音响系统、设备自动化系统及网络工程与网络部署专门知识，具备楼宇智能化弱电工程各子系统项目实施、管理与监理等能力的技术技能型人才。

智能楼宇方向：毕业生就业初期可胜任楼宇弱电系统施工、项目管理、监理、安防技防实施、网络工程实施与部署等岗位；3～5年后可胜任项目经理、项目主管等岗位；远期可胜任部门经理等岗位。

安防工程方向：毕业生就业初期可胜任安防产品应用、安防施工及维护等岗位；3～5年后可胜任安防系统设计与开发、项目经理等岗位；远期可胜任安防技术总监或技术主管等岗位。

三、建筑工程技术专业择业导向与岗位职责

建筑工程技术专业的就业前景十分广阔，主要在建筑施工企业、工程建设监理单位、工程咨询公司、房地产开发公司等单位从事工程技术工作，毕业生较适合就职的岗位主要有施工员、技术员、质量检查员、安全员、预算员、材料员、资料员、监理员，各岗位职责描述如表2-1所示。

表2-1　建筑工程技术专业就业岗位及岗位职责

岗位	岗位职责
施工员	（1）在项目经理的直接领导下开展工作，贯彻安全第一、预防为主的方针，按规定搞好安全防范措施，把安全工作落到实处 （2）认真熟悉施工图纸、编制施工组织设计方案和施工安全、质量、技术方案，编制各单项工程进度计划及人力、物力计划和机具、用具、设备计划 （3）组织职工按期开会学习，合理安排、科学引导，顺利完成本工程的各项施工任务 （4）协同项目经理，认真履行《建设工程施工合同》条款，保证施工顺利进行，维护企业的信誉和经济利益 （5）编制文明工地实施方案，根据本工程施工现场合理规划布局现场平面图，创建文明工地 （6）编制工程总进度计划表和月进度计划表及各施工班组的月进度计划表 （7）搞好分项总承包的成本核算（按单项和分部分项）及单独核算，并将核算结果及时通知承包部的管理人员，以便及时改进施工计划及方案，争创更高效益 （8）向各班组下达施工任务书及材料限额领料单 （9）督促施工材料、设备按时进场，并处于合格状态，确保工程顺利进行 （10）参加工程竣工交验，负责工程完好保护 （11）合理调配生产要素，严密组织施工，确保工程进度和质量 （12）组织隐蔽工程验收，参加分部分项工程的质量评定 （13）参加图纸会审和工程进度计划的编制

续表

岗位	岗位职责
技术员	（1）认真熟悉施工图纸，提出图纸中存在的问题，搞好图纸的会审工作 （2）编制施工图纸（施工）预算，计算出材料分析汇总表，按分部分项工程（基础、主体、装饰、分层）提出材料计划表 （3）做好各分部分项工程技术交底资料，向各班组进行技术交底 （4）负责本工程的定位、放线、测平、沉降、观测记录 （5）负责测量用具、仪器的保管，并定期校正测量仪器 （6）收集、整理工程施工中的变更签证资料 （7）做好分部、分项成本核算工作并按时结算各施工班组的分部、分项、分层、单顶工程，完成任务结算书 （8）认真配合项目经理（施工员）的工作
质量检查员	（1）在项目经理领导下，负责检查监督施工组织设计的质量保证措施的实施，组织建立各级质量监督保证体系 （2）严格监督进场材料的质量、型号、规格，监督各项施工班组操作是否符合规程 （3）按照规范规定的分部、分项检验方法和验收评定标准，正确进行自检和实测实验，填报各项检查表格，对不符合工程质量标准、质量要求而返工的分部分项工程，写出返工意见并出具罚款单 （4）提出工程质量通病的防治措施，提出制订新工艺、新技术的质量保证措施建议 （5）对工程的质量事故进行分析，提出处理意见 （6）向每个施工班组做（质量验收评定标准）交底 （7）在项目的施工段（墙、柱、梁、板）贴上质量检查验收表，如混凝土柱，包括浇灌时间、拆模时间、垂直度、平整度、施工班组、木工、混凝土工、施工负责人、检查人等内容
安全员	（1）在项目经理领导下，全面负责监督实施施工组织设计中的安全措施，并负责向作业班组进行安全技术交底 （2）检查施工现场安全防护、地下管道、脚手架安全、机械设备、电气线路、仓储防水等是否符合安全规定和标准，如发现施工现场有安全隐患，应及时提出改进措施，督促实施并对改进后的设施进行检查验收，对不改进的，提出处理意见报项目负责人处理 （3）正确填报施工现场安全措施检查情况的安全生产报告，定期提出安全生产的情况分析报告的意见 （4）处理一般性的安全事故并按照规定进行工伤事故登记、统计和分析工作 （5）同各施工班组及个人签订安全纪律协议书 （6）随时对施工现场进行安全监督、检查、指导，并做好安全检查记录。对不符合安全规范施工的班组及个人进行安全教育、处罚，并及时责令整改 （7）对在安全检查工作中不深入、不细致及存在问题不提出意见又不向上级汇报，所造成的责任事故，应承担全部责任及后果
预算员	（1）工程项目开工前必须熟悉图纸、熟悉现场，对工程合同和协议有一定程度的理解 （2）编制预算前必须获取技术部门的施工方案等资料，便于正确编制预算 （3）参与各类合同的洽谈，掌握资料做出单价分析，供项目经理参考 （4）及时掌握有关的经济政策、法规的变化，如人工费、材料费等费用的调整，及时分析提供调整后的数据 （5）正确及时编制好施工图（施工）预算，正确计算工程量及套用定额，做好工料分析，并及时做好预算主要实物量对比工作 （6）施工过程中要及时收集技术变更和签证单，并依次进行登记编号，及时做好增减账，以作为工程决算的依据

岗位	岗 位 职 责
预算员	（7）协助项目经理做好各类经济预测工作。提供有关测算资料 （8）正确及时编制竣工决算，随时掌握预算成本、实际成本，做到心中有数 （9）经常性地结合实际开展定额分析活动，对各种资源消耗超过定额取定标准的，及时向项目经理汇报
材料员	（1）材料员必须熟知各种材料的性能、价格、产地、用途，按照项目部提出的材料计划单在两日内及时采购所需的材料，不得影响工程进度 （2）材料员应对所采购的材料质量负责，并对其购进的劣质材料所产生的后果负全部责任 （3）材料员要随时掌握好各种材料的市场动态，采购材料应货比三家、价比三处，购回的材料应物美价廉，购材料应有税务发票，票据背面注写用途及对方联系电话，票据上应有项目经理、材料员及保管员的签字，方可报销 （4）按照项目部提供的钢化材料计划单，在两日内及时租赁和归还，租贷和归还单据必须当日由项目经理签字方可结算，做到日租、日算、月结，对零星材料定期检查，督促整理归堆，杜绝材料浪费 （5）每月月底将本月所有的收料单收回、分类结算后，交项目经理审批、材料科长复核，交会计处挂账 （6）采购材料应遵循优质价廉的原则，严禁弄虚作假、收取回扣或购进劣质材料 （7）必须服从项目经理的安排，服从材料科长监督，配合好各施工班组及保管员的工作 （8）做好材料成本核算工作，核算预算量与实际用量的差额，核算预算价与实际价的差额，核查工地材料的用量及消耗、损耗情况
资料员	（1）收集整理齐全工程前期的各种资料 （2）按照文明工地的要求及时整理安全文明工地资料 （3）做好本工程的工程资料并与工程进度同步 （4）工程资料应认真填写，字迹工整，装订整齐 （5）填写施工现场天气晴雨表、温度表 （6）登记保管好项目部的各种书籍、资料表格 （7）收集保存好公司及相关部门的会议文件 （8）及时做好资料的审查备案工作
监理员	（1）在专业监理工程师的指导下开展现场监理工作 （2）检查承包单位投入工程项目的人力、材料、主要设备及其使用、运行状况，并做好检查记录 （3）复核或从施工现场直接获取工程计量的有关数据并签署原始凭证 （4）按设计图及有关标准，对承包单位的工艺过程或施工工序进行检查和记录，对加工制作及工序施工质量检查结果进行记录 （5）担任旁站工作，发现问题及时指出并向专业监理工程师报告 （6）做好监理日记和有关的监理记录

四、建筑工程技术专业的个人素质要求

大学教育的目标不仅仅是使大学生学到专业知识和专业技能，更重要的是让大学生们学会如何适应新的环境并具备在新环境中不断学习、创新、自我发展的能力，这就需要当代的大学生具有较高的道德文化素质、较强的专业素质、健康的心理和强健的体魄。而当今的大学也为同学们提供了很多提高素质的机会和平台，大学生自身应抓住机会、锻炼自己、提高自己，使自己的综合素质得到全面的提升。

1. **思想文化素质**

（1）学习心理知识，进行自我调节。作为一名新时代的大学生，要有积极向上的精神面貌，树立正确的世界观、人生观、价值观，关心时事，积极参加理论学习，用先进的理论知识来武装自己的头脑。主动学习相关知识的方法，树立自主学习，掌握心理调节方法，提升心理调节能力，同时加强自身心理知识的学习与储备。这样的培养能使自己尽快适应集体生活，融入班集体中，使集体力量更加显现，同时也能使自己在竞争激烈的社会中如鱼得水，顺利地疏解心理压力和心理问题。

（2）学习传统文化，加强自身心理修养。传统文化是一种人文底蕴，对于做人做事尤为重要，利用传统文化渗透到平时的交流与教育中去，使学生获得心理和谐。人的心理和谐是心理健康的重要体现。它首先表现为个体内部心理和谐，其次表现为人事心理和谐，最后表现为人际心理和谐。心理和谐的人善于调节自己的心理，坦诚地看待外部世界和自我内心世界，能够愉快地接纳自我，承认现实，欣赏美好的事物，大度、平静地生活和接受生活中的各种挑战。总之，对内协调和对外适应是心理和谐的集中表现。大学生要走向社会，必须善于调节自己的心理，树立健康而快乐的人生态度。

2. **专业素质的提高**

（1）进行职业规划，树立个人发展的人生目标。通过职业生涯规划活动促使学生积极去思考自己的大学发展之路。对于大学生而言，职业规划的目的在于确定向社会过渡的职业发展目标，该目标确立的根本就是将要面对的社会。当个人的职业规划符合个人特点和社会实际情况时，它就能发挥重要的鼓励和指导作用，引导学生达到自己向往的目标，不会在步入社会时出现脱节现象。具体而言，辅导员可以通过各种成功事例和励志故事激励学生，使他们能积极地制订个人在大学四年的发展目标，拥有充实的大学生活。辅导员需借助职业规划、生涯规划的定向和引导功能经常与学生进行交流，了解其理想和职业规划，根据个体的实际情况适时引导学生作出调整，使其免受不良因素的影响，使个人规划符合实际，朝着既定目标前进。

（2）参加专业实践锻炼，不断发现自身优势与不足。实践能力的高低与否至关重要，实践不仅能检验自己的能力，也是自我认识自我调整的良方。通过社会实践，可以认识到自己的长处和不足，这将有利于其以社会所要求的、需要的标准不断地进行技能和能力、理论等方面的调整以更加适应社会的需要。

在完成正常学业的情况下参与兼职，有准备地贴近专业，参加更多的能力锻炼，在实践中提升自己的素质。在此过程中，辅导员可以将学生的实践情况登记成档，追踪学生的实践历程，并促使其不断深化总结，进而形成新的认知；同时引导学生自主建立自我成长档案，不断地进行自我剖析，在动态中了解自己的优缺点，从而有针对性地进一步改善，争取形成更完善的自我。

（3）注重专业知识的深造，获取必备专业技能证书。技能证书在现代社会中的重要性日益突出，企业需要的是掌握熟练技能的人才，是那些能很快适应生产需要的人。对于大学生而言，缺乏工作经验，学习的知识多数是单纯地来源于课本的理论知识，实践能力较缺乏。在认识到自己工作经验和熟练技能上的不足时，就必须要加深专业实践知识的存储。辅导员应多收集相关的专业技能情况，为学生提供技能证书考取方法咨询，鼓励引导学生主动积极地考取专业技能证书。

（4）有一定的其他知识技能。现代各类职业都要求从业者的知识"程度高、内容新、实用强"。"程度高"指知识量大、范围广泛；"内容新"指从业者的知识结构中应以反映当今科学技术发展状况的新知识、新信息为主；"实用强"指从业者的知识在生产、工作中有很强的实用价值。例如，目前用人单位普遍要求毕业生能熟练地运用一门外语和具有计算机基本应用能力。

3. 身心素质的提高

心理素质健康与否是学生能否形成科学文化素质的核心。教育心理学认为，一个人的科学文化素质是其智力因素和人格因素的和谐发展。普及性心理知识教育既是以培养学生的观察力、记忆力、思维力等为基本内容的智力发展教育的要求，又是以了解智力发育的规律及自身智力发育的水平和特点，培养健康的动机、兴趣、情绪、意志等要素为基本内容的非智力因素教育的发展要求。

身心素质主要指身体素质和心理素质，包括大学生应该有健康的体魄、良好的生活习惯、健康的心理状态（如承受挫折、失败的能力）、积极乐观的态度、健全的人格等。大学生应积极参加体育锻炼，使自己具有一个强健的体魄，当然，也应该通过合理的方式来调整自己的心态，适应大学生活。

4. 职场基础素质的提高

我国高等教育自1999年扩招以来，在校大学生人数不断攀升，从2003年起，我国第一批高校扩招的本科生进入劳动力市场，就业形势逐步严峻，大学生就业难的问题成为一个比较普遍的社会现象。大学生就业问题是时下的一个热点问题，也是困扰社会和高校的一个难题。大学生就业状况，不仅是劳动力供求关系的信号，更是高等教育能否持续兴旺发展的信号。大学生，作为就业人群中的一支强大队伍，近年来的就业形势越来越严峻。据统计，近几年普通高校毕业生初次就业率一直徘徊在70%左右，大学生就业难已经成为了一个不争的事实。大学生是宝贵的人才资源，也是我国实施科教兴国和人才强国战略的重要力量。解决大学生的就业问题，是建设和谐社会，促进经济稳定发展以及大学生实现社会价值与自我价值的需要，直接关系到社会、家庭和个人的切身利益。现代社会人才竞争日益激烈，作为当代大学生，为了让自己在今后的就业中有更明显的优势，大学生们还应当了解社会需求，培养职场所需的能力素质。

（1）适应社会能力。一个人适应社会的能力是其素质、能力的综合反映。适应社会能力的强弱是与一个人的思想品德、知识技能、活动能力、创造能力、处理人际关系能力以及健康状况等密切相关的。一般来说，一个素质比较高、各方面能力比较强、身心健康的大学生走上社会后，能够很快适应环境，适应工作，即使是在比较困难的条件下和比较差的环境中，也能变不利因素为有利因素，通过自己的努力取得好的成绩。

（2）人际交往能力。人际交往能力实际上就是与他人相处的能力。大学生活使大学生的人际交往逐渐扩大，为最终步入社会奠定基础。能否正确、有效地处理好人际关系，不仅影响到大学生对环境的适应状况，而且影响今后工作效能、心理健康、生活愉快和事业的成败。

（3）组织管理能力。大学生毕业后不论从事什么工作都会不同程度地运用到组织管理才能，这是现代社会对人才提出的新的要求。作为受过高等教育的大学毕业生，不管就职于怎样一个部门，从事怎样一项工作，都需要与别人进行合作协调，实际上这就是组织管理能力的具体应用。

（4）表达能力。表达能力主要包括口头表达能力、书面表达能力，不仅在工作以后明显显示出其重要性，如工作汇报、年终总结、文件起草、研究报告、专业职务晋升答辩等都需要，而且在毕业生求职择业过程中也发挥着不可低估的作用，比如自荐信的撰写、个人材料的准备、回答招聘人员的问题、接受用人单位的面试等。可以这样说，在求职这一环节上，表达能力的强弱直接影响到择业的成败。

（5）工程意识。工程意识是各类工程师应具备的重要素质之一。工程意识源于工程实践，大学生通过课堂渗透、工程实习、课外科技活动、社会实践等环节接受工程意识的熏陶，把握并运用工程意识的思想和方法处理工程技术问题。这不仅使大学生在校期间能较好地完成课程设计和毕业设计等学习任务，而且有助于他们走上工作岗位后，在实践基础上进一步强化工程意识，更好地服务于社会。在择业的双向选择中，用人单位特别看重那些工程意识强的大学毕业生。

（6）开拓创新能力。大学生如果只能熟悉背诵前人的定理、定义，而不思开拓、创新、进取，那么所学的知识就会变得毫无意义。著名物理学家、诺贝尔奖获得者温柏格说过："不要安于书本上给你的答案，要去尝试发现与书本上不同的东西，这种素质可能比智力更重要，往往是最好的学生和次好的学生的分水岭。"因此，大学生在学习的过程中，应不断培养和强化自己的开拓创新能力。

（7）竞争能力。随着社会主义市场经济的进一步发展与完善，市场竞争更趋激烈，而市场竞争归根到底是人才的竞争。充满竞争的市场需要具有竞争力的人才，作为一个立志成为现代化人才的大学生，如果不懂竞争，不具备竞争能力，那么在竞争的激流中就有随时被淘汰的危险。

（8）决策能力。决策能力是在面临的多项选择中及时、果断做出最佳选择的一种能力。人的一生往往会遇到许多重大的选择，优柔寡断错失良机，草率决断而造成捡芝麻丢西瓜，都会给整个人生带来莫大的影响。因此大学生在校学习期间，不要事事都请别人拿主意，要有意识地去培养自己的决策能力，从日常小事做起，这样日积月累，就会逐步形成决策能力。

五、职业岗位分析

1. 本专业毕业生的专业定位

对高职建筑工程技术专业毕业生的专业定位需要通过企业调研，对现存或潜在的有一定发展持续度的职业（技术应用）岗位进行定位，在岗位工作过程分析的基础上，以建筑施工现场一线生产及管理岗位中具有相近知识、能力、素质要求的岗位集合，形成建筑工程技术专业对应的岗位群。建筑工程技术专业的定位是培养"懂技术、会施工、能管理"，具有较强的社会适应性和良好职业道德的高技能人才。学生毕业后主要从事建筑施工技术和施工管理等方面的工作。建筑工程技术专业定位与发展如图2-2所示。

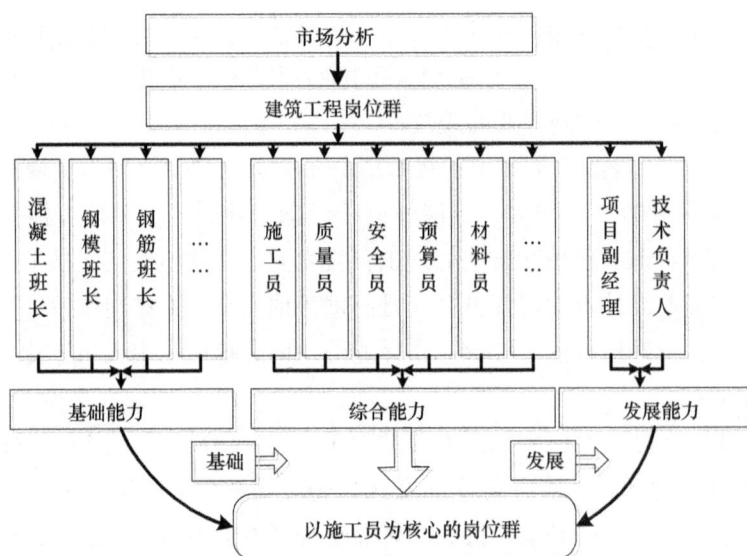

图2-2　建筑工程技术专业定位与发展

2. 本专业职业工作内容分析

（1）按施工过程对工作内容分析。在进行专业定位的基础上，选定合适的工作岗位，成立工作分析小组，设计工作分析的引导问题。按照建筑工程施工全过程，从施工现场准备到竣工验收整个阶段进行职业工作分析，如图2-3所示。

①施工准备。

a.熟悉图纸，参加图纸会审。

b.编写专项方案。

c.制订相关计划。

d.现场准备工作管理。

| 任务承揽 | → | 施工准备 | → | 施　工 | → | 竣工验收与结算 | → | 资料整理与归档 | → | 保修 |

图2-3　建筑施工过程

e.向施工班组作技术与安全交底。

②基础施工。

a.定位放线。编制放线方案、过程实施、填报相关资料。

b.基坑开挖。技术交底，劳动力和机械设备计划、开挖质量控制、过程组织管理、安全管理、工程量核算、填写施工资料、验槽与验收。

c.基础垫层施工。技术交底、材料计划、模板安装控制、混凝土拌制、浇筑质量控制、质量检查、问题处理、安全管理。

d.砖基础砌筑。抄平弹线、技术交底、材料计划、劳动组织管理、施工过程控制、质量检查、填报施工资料、问题处理、安全管理。

e.土方回填。技术交底、劳动组织与管理、质量控制、组织质检、施工资料填写、安全管理。

③主体结构施工技术交底、抄平放线、材料计划、施工组织安排、过程质量控制、质量检查（砖工、模板工、钢筋工、混凝土工、普工）问题处理，填写施工资料、进度控制、安全管理。

④屋面工程施工技术交底、制订方案、材料计划、施工组织安排、过程质量控制、质量检查、填写施工资料、问题处理、安全管理。

⑤装饰工程施工。

a.抹灰工程。抄平放线、技术交底、材料计划、施工组织安排、过程质量控制、质量检查、填写施工资料、进度控制、问题处理、安全管理。

b.块料饰面施工。抄平放线、方案编制、技术交底、材料计划、施工组织安排、过程质量控制、质量检查验收、精度控制、填写施工资料、问题处理、安全管理。

c.楼地面工程。抄平放线、技术交底、材料计划、施工组织安排、过程质量控制、质量检查、进度控制、问题处理、填写施工资料、安全管理。

d.门窗工程（分包、专业队伍）。抄平放线、技术交底、过程控制、质量检查与验收、施工过程管理、安全管理。

e.涂刷、裱糊（分包、专业队伍）。抄平放线、技术交底、过程控制、质量检查与验收、施工过程管理、安全管理。

f.隔断与吊顶（分包、专业队伍）。抄平放线、技术交底、过程控制、质量检查与验收、施工过程管理、安全管理。

g.主体结构验收及工程交工。资料整理、提交、自检（填表）、现场清理、问题整改。

（2）典型职业活动分析。在对职业工作工程和内容的基础上可以归纳总结出岗位典型工作任务。典型职业工作任务，简称典型工作任务，描述的是一项具体的专门工作，它是根据一个职业中可以传授的工作关系和典型的工作任务来确定的，具有该职业的典型意义，同时具有促进该职业领域的职业能力发展的潜力。按照这一定义，典型工作任务有两个特征。本专业典型工作任务如表2-2所示。

表2-2　典型工作任务（29项）

序号	典型工作任务	序号	典型工作任务
1	施工招投标	16	块材贴面施工及验收
2	签订建筑工程合同	17	各种楼地面施工及验收
3	施工现场布置和准备	18	吊顶工程施工及验收
4	土方工程机械化施工	19	轻质隔墙施工及验收
5	地基处理与基础施工	20	门窗安装及验收
6	各种原材料检验	21	玻璃幕墙安装施工及验收
7	砌体工程施工与质量检验	22	涂料饰面施工及验收
8	现浇钢筋混凝土结构施工与质量检验	23	编制施工进度计划
9	装配式混凝土结构安装的施工	24	编制整理工程技术资料
10	钢结构构件加工与检测	25	单位工程施工组织设计
11	钢结构主体与围护结构安装及验收	26	工程质量、进度和成本控制
12	屋面防水施工与质量检验	27	编制施工图预算和施工预算
13	卫生间防水施工与质量检验	28	建筑定位放线
14	地下室防水施工与质量检验	29	多高层建筑轴线引测和标高传递
15	抹灰工程施工及验收		

①典型工作任务不是具体的职业工作或工作环节，它在一个复杂的职业活动中具有结构完整的工作过程，这个完整的工作过程包括计划、实施以及工作结果的检查和评价等步骤。由于在确定典型工作任务时，对职业工作进行的是综合性和整体化的分析，这使得按照设计导向教育指导思想来设计学习领域课程成为可能。

②对典型工作任务进行排序，就是把通过职业分析得到的典型工作任务按照职业成长的规律划归到4个学习难度范围里去，按照一定的客观标准进行系统化的处理。通过对以施工员为主的岗位群的职业工作进行分析，归纳出29个典型工作任务。

3. 本专业毕业生的就业范围与就业岗位分析

（1）本专业毕业生的就业范围分析。建筑工程技术专业就业前景良好，按专业对应找工作一般主要在建筑施工企业、工程建设监理单位、工程设计、工程咨询公司、房地产开发公司、物业公司等单位从事工程技术工作，主要从事的工作内容如表2-3所示。

表2-3　毕业生就业单位与主要从事工作

毕业生就业单位	从事的主要工作
建设单位	建设单位的基建管理工作
施工企业	工程招投标及造价分析工作、施工企业中工程施工的准备、施工方案的确定、工程施工、施工过程的控制工作，施工企业的技术管理、进度管理、质量管理、安全管理、成本管理、竣工验收等工作
设计单位	小型土建工程施工图设计
监理单位	工程进度、质量、投资控制工作
物业公司	土建维修及设备管理工作

（2）毕业生就业岗位分析。建筑工程技术专业涵盖的职业岗位非常广泛，在不同类型的就业单位，岗位有不同的细分方向，按岗位类型划分每个岗位下面都有更详细的职位，具体划分情况如图2-4所示。

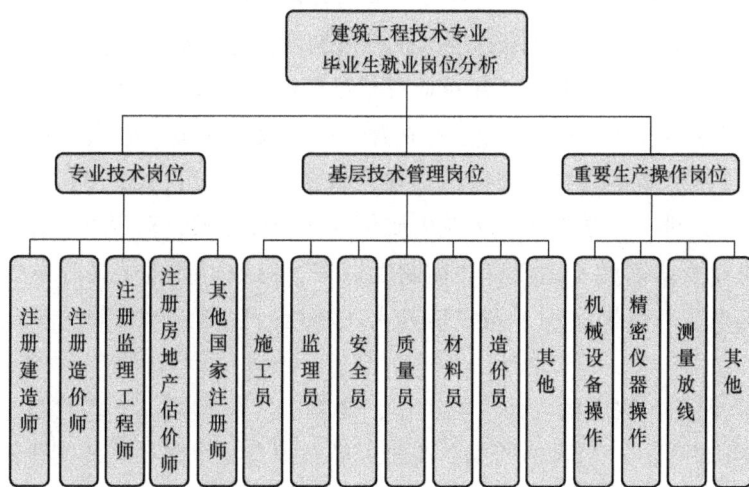

图2-4　建筑工程技术专业毕业生就业岗位分析

六、建筑行业执业资格制度介绍

通过建筑工程技术专业的课程学习，毕业后从事工程技术的有关实际工作，满足一定的条件，可以参加多种形式的国家资质和资格认证考试，取得相应的执业资格。如造价工程师资格考试、监理工程师资格考试、建造工程师资格考试以及咨询工程师资格考试等。这种完备的执业资格考试体系为毕业生毕业后的继续教育指明了途径，为职业能力的提升提供了方案。

1. 建筑行业执业资格制度简介

我国建筑行业执业资格制度自20世纪80年代末开始建立。当时，随着改革开放步伐的加快，为规范市场秩序，保证工程质量，同时也为了推动我国建筑行业走向国际市场和引进外资项目，建设部决定按照国际惯例在建筑设计、工程监理等领域建立注册建筑师和监理工程师执业资格制度，并多次进行了出国考察及调研论证，1992年年底，以部令的形式颁发了《监理工程师资格考试和注册试行办法》，1993年国家正式提出建立职业资格制度以后，建设行业执业资格制度建立工作进入了较快的发展时期。到目前为止，已经建立了注册建筑师、勘察设计注册工程师、房地产估价师、造价工程师、注册城市规划师、监理工程师、房地产经纪人、建造师、物业管理师9个执业资格制度。其中勘察设计注册工程师共划分为17个专业，2002年年底前已实施注册结构工程师、注册土木工程师（岩土）两个专业。室内设计师、风景园林师执业资格制度目前正在论证筹备中。建筑行业执业资格制度框架体系已基本建立。

2. 建筑行业执业资格制度的标准体系

我国建筑行业执业资格制度参照了国际上发达国家较为通用的做法，建立了包括专业教育评估、职业实践训练、资格考试、注册管理、继续教育等标准体系。

（1）专业教育评估。专业教育评估是执业资格制度的重要组成部分。国际上通常把专业教育评估作为执业资格制度的基础，在执业资格制度的形成和发展中，始终把注册执业人员的教育背景作为考察的首要条件，认为要成为合格的执业人员，必须接受良好的专业教育。为了促进学校专业教育的内容和质量达到规定的要求，通过权威的专门评估机构对学校专业办学思想、办学条件、办学过程、毕业生质量进行全面考察，对照评估标准，做出评估结论。建筑行业执业资格制度实施教育评估制度以来，有效地促进了高等学校建筑类专科专业教学质量的提高，较好地实现了高校培养人才和社会使用人才之间的相互衔接和相互促进。

（2）职业实践训练。注册执业人员的工作，要解决实际问题，丰富的职业实践经验是注册执业人员不可或缺的。一名合格的执业注册人员必须具有全面系统的实践经验和阅历。国际上在开展多边资格认定时对执业注册人员的职业实践要求甚至高于考试要求。因此，注册建筑师、注册结构工程师于2001年制定了职业实践标准，该标准成为注册建筑师、注册结构工程师报考的必备条件。

（3）执业资格的取得。执业资格的取得主要有特许、考核认定、资格考试三种方式。

特许和考核认定，是我国在各执业资格制度建立初期对长期从事本专业技术工作、取得突出业绩的专业技术人员实行的减免考试政策。由于我国执业资格制度实施以前，已有一批专业技术人员获得了政府部门授予的高中级专业技术职称，他们的教育水平、实践经验都已达到或基本达到执业资格规定的标准。因此，国家制定了专门的特许或考核认定办法，规定了对这部分专业技术人员的学历、实践年限、业绩等条件，按规定的程序推荐，由建设部、人事部共同核准执业资格。这个政策解决了新老制度的衔接问题，保证了执业注册制度的顺利进行。

资格考试是取得执业资格的重要方式。建筑行业各种执业资格普遍实行全国统一考试大纲、统一命题、统一组织考试、统一评分标准的办法。经执业资格全国统一考试合格的人员，由国家授予相应的执业资格证书。

（4）注册管理。注册管理包括注册审批和注册期内的执业管理。实行注册管理是建立执业资格制度的主要目的。建设行业执业资格制度一般把注册分为三类：

①初始注册，即取得执业资格后的第一次注册。

②续期注册，即注册期满，再次申请注册。

③变更注册，即注册人员因注册单位等内容变化而申请的注册。

已经取得执业资格的人员，符合注册执业条件的可向省级注册管理机构申请注册，省级注册机构受理并审查后报全国注册管理机构审批，经批准注册的人员由注册管理机构颁发相应的注册证书。只有批准注册的人员才能以注册执业人员的名义执业，并享有相应的权利和义务。注册有效期一般为2~3年。

建筑行业的九项执业资格制度都制定了相应的《注册管理规定》《执业管理规定》等。通过上述规定，明确了各执业资格的审批主体和审批程序以及注册人员的责任、权利、义务。注册管理机构都建立了相应的《执业人员管理信息系统》，供社会查询执业人员的基本信息和信用情况。

（5）继续教育。注册执业人员继续教育是执业资格制度的重要组成部分。注册执业人员继续教育的目的是使其适应行业发展的需要，及时了解和掌握本专业国内外技术、经济、管理、法规等方面的动态，使执业人员的知识和技能不断得到更新、补充、拓展和提高，以完善其知识结构，提高执业能力。参加和接受继续教育，是注册建筑师的权利和义务，完成继续教育学时和考核结果作为初始注册、延续注册和重新申请注册的必要条件之一。

执业人员在注册期内每年应接受40学时的继续教育。内容分为必修课和选修课，必修课和选修课的时间由执业资格注册管理机构规定，一般为各占50%。必修课内容由全国或省级注册管理机构指定并组织实施，一般采取面授培训或网络教育培训的培训方式。选修课的培训方式包括参加面授培训、网络教育、参加国际或全国的专业学术会议、在有国际标准刊号（ISSN）和国内统一刊号（CN）的正式期刊上发表相关专业学术论文、出版专著或译著以及经全国注册管理机构批准的符合继续教育内容及要求的其他情形。

3. 与本专业紧密相关的执业资格

（1）注册建造师。

①注册建造师简介。注册建造师（National Certified Architect）是指通过考核认定或考试合格取得中华人民共和国建造师资格证书，并按照有关规定注册取得中华人民共和国建造师注册证书和执业印章，担任施工单位项目负责人及从事相关活动的专业技术人员。

注册建造师分为注册二级建造师和注册一级建造师。改革开放以来，在我国建设领域内已建立了注册建筑师、注册结构工程师、注册监理工程师、注册造价工程师、注册房地产估价工程师、注册规划师等执业资格制度。2002年12月5日，人事部、建设部联合印发了《建造师执业资格制度暂行规定》（人发［2002］111号），这标志着我国建立建造师执业资格制度的工作正式建立。该规定明确指出，我国的建造师是指从事建设工程项目总承包和施工管理关键岗位的专业技术人员。

建造师分为一级建造师和二级建造师。一级建造师具有较高的标准、较高的素质和管理水平，有利于开展国际互认。同时，考虑到我国建设工程项目量大面广，工程项目的规模差异悬殊，各地经济、文化和社会发展水平有较大差异，以及不同工程项目对管理人员的要求也不尽相同，设立二级建造师，可以适应施工管理的实际需求。

建造师的分级管理既可以使整个建造师队伍中有一批具有较高素质和管理水平的人员，便于国际互认，也可以使整个建造师队伍适应不同工程项目对管理人员要求不同的特点和实际需求。一级注册建造师可以担任《建筑业企业资质等级标准》中规定的必须由特级、一级建筑业企业承建的建设工程项目施工的项目经理；二级注册建造师只可以担任二级及以下建筑业企业承建的建设工程项目施工的项目经理。

不同类型、不同性质的建设工程项目，有着各自的专业性和技术特点，对项目经理的专业要求有很大不同。建造师实行分专业管理，就是为了适应各类工程项目对建造师专业技术的不同要求，也与现行建设工程管理体制相衔接，充分发挥各有关专业部门的作用。建造师分为两个级别，一级建造师的专业分为房屋建筑工程、公路工程、铁路工程、民航机场工程、港口与航道工程、水利水电工程、电力工程、矿山工程、冶炼工程、石油化工工程、市政公用工程、通信与广电工程、机电安装工程、装饰装修工程14个。二级建造师的专业分为房屋建筑工程、公路工程、水利水电工程、电力工程、矿山工程、冶炼工程、石油化工工程、市政公用工程、机电安装工程、装饰装修工程10个。

②建造师资格的取得。一级建造师执业资格实行全国统一大纲、统一命题、统一组织的考试制度，由人事部、建设部共同组织实施，原则上每年举行一次考试；二级建造师执业资格实行全国统一大纲，各省、自治区、直辖市命题并组织的考试制度。考试内容分为综合知识与能力和专业知识与能力两部分。报考人员要符合有关文件规定的相应条件。一级、二级建造师执业资格考试合格人员，分别获得中华人民共和国一级建造师执业资格证书、中华人民共和国二级建造师执业资格证书。

③建造师的执业范围。注册建造师有权以建造师的名义担任建设工程项目施工的项目经理，从事其他施工活动的管理，从事法律法规或国务院行政主管部门规定的其他业务。

近年来，注册建造师以建设工程项目施工的项目经理为主要岗位。但是，同时鼓励和提倡注册建造师"一师多岗"，从事国家规定的其他业务，如担任质量监督工程师等。

④建造师的报考条件。凡遵守国家法律、法规，并具备下列条件之一者，均可报名参加一级建造师执业资格考试：

a.取得工程类或工程经济类大学专科学历，工作满6年，其中从事建设工程项目施工管理工作满4年。

b.取得工程类或工程经济类大学本科学历，工作满4年，其中从事建设工程项目施工管理工作满3年。

c.取得工程类或工程经济类双学士学位或研究生班毕业，工作满3年，其中从事建设工程项目施工管理工作满2年。

d.取得工程类或工程经济类硕士学位，工作满2年，其中从事建设工程项目施工管理工作满1年。

e.取得工程类或工程经济类博士学位，从事建设工程项目施工管理工作满1年。

专业工作年限计算截止日期为报考当年的12月31日。

免试部分科目的报名条件：符合上述报名条件，于2003年12月31日前，取得原建设部颁发的建筑业企业一级项目经理资质证书，并符合下列条件之一的人员，可免试建设工程经济和建设工程项目管理两个科目，只参加建设工程法规及相关知识和专业工程管理与实务两个科目的考试：

a.受聘担任工程或工程经济类高级专业技术职务。

b.具有工程类或工程经济类大学专科以上学历并从事建设项目施工管理工作满20年。

（2）注册结构工程师。

①注册结构工程师简介。注册结构工程师是指取得中华人民共和国注册结构工程师执业资格证书和注册证书，从事结构工程设计；结构工程设计技术咨询；建筑物、构筑物、工程设施等调查和鉴定；对本人主持设计的项目进行施工指导和监督；建设部和国务院有关部门规定的其他业务。其中，一级注册结构工程师的执业范围不受工程规模和工程复杂程度的限制，二级注册结构工程师的执业范围只限于承担国家规定的民用建筑工程等级分级标准三级项目。

结构工程师设计的主要文件（图纸）中，除应注明设计单位资格和加盖单位公章外，还必须在结构设计图的右下角由主持该项设计的注册结构工程师签字并加盖其执业专用章，方为有效。否则设计审查部门不予审查，建设单位不得报建，施工单位不准施工。

②结构工程师资格的取得。注册结构工程师考试实行全国统一大纲、统一命题、统一组织的办法，原则上每年举行一次。建设部负责组织有关专家拟定考试大纲、组织命题、编写培训教材、组织考前培训等工作；人事部负责组织有关专家审定考试大纲和试题，会同有关部门组织考试并负责考务等工作。一级注册结构工程师资格考试由基础考试和专业考试两部分组成。通过基础考试的人员，从事结构工程设计或相关业务满规定年限，方可申请参加专业考试。二级注册结构工程师只设专业考试。基础考试科目有经济数学、普通物理、普通化学、理论力学、材料力学、流体力学、建筑材料、电工学、工程经济、计算机与数值方法、结构力学、土力学与地基基础、工程测量、结构设计、建筑施工与管理、结构试验；专业考试科目有钢筋混凝土结构、钢结构、砌体结构与木结构、桥梁结构、地基与基础、高层建筑、高耸结构与横向作用、设计概念题、建筑经济与设计业务。

注册结构工程师资格考试合格者，由省、自治区、直辖市人事（职改）部门颁发人事部统一印制、加盖建设部和人事部印章的中华人民共和国注册结构工程师执业资格证书，该证书在全国范围内有效。

③结构工程师的执业范围。注册结构工程师有权以注册结构工程师的名义进行结构工程设计，建筑物、构筑物、工程设施等调查和鉴定，对本人主持设计的项目进行施工指导和监

督，以及从事建设部和国务院有关部门规定的其他业务。

一级注册结构工程师的执业范围不受工程规模及工程复杂程度的限制。注册结构工程师应当加入一个勘察设计单位才能执行业务。

④结构工程师的报考条件。一级注册结构工程师执业资格考试基础考试报考条件。

a.具备表2-4所列条件的人员。

b.1971年（含1971年）以后毕业，不具备规定学历的人员，从事建筑工程设计工作累计15年以上，且具备下列条件之一：

• 作为专业负责人或主要设计人，完成建筑工程分类标准三级以上项目4项（全过程设计），其中二级以上项目不少于1项。

• 作为专业负责人或主要设计人，完成中型工业建筑工程以上项目4项（全过程设计），其中大型项目不少于1项。

表2-4　一级注册结构工程师执业资格考试基础考试报考条件

类别	专业名称	学历或学位	职业实践最少时间
本专业	结构工程	工学硕士或研究生毕业及以上学位	
	建筑工程（不含岩土工程）	评估通过并在合格有效期内的工学学士学位	
		未通过评估的工学学士学位或本科毕业	
		专科毕业	1年
相近专业	建筑工程的岩土工程	工学硕士或研究生毕业及以上学位	
	交通土建工程		
	矿井建设		
	水利水电建筑工程	工学学士或本科毕业	
	港口航道及治河工程		
	海岸与海洋工程		
	农业建筑与环境工程	专科毕业	1年
	建筑学		
	工程力学		
	其他工科专业	工学学士或本科毕业及以上学位	1年

一级注册结构工程师执业资格考试专业考试报考条件。

a.具备表2-5所列条件的人员。

表2-5　一级注册结构工程师执业资格考试专业考试报考条件

类别	专业名称	学历或学位	职业实践最少时间	
			Ⅰ类人员	Ⅱ类人员
本专业	结构工程	工学硕士或研究生毕业及以上学位	4年	6年
	建筑工程（不含岩土工程）	评估通过并在合格有效期内的工学学士学位	4年	Ⅱ类人员中
		未通过评估的工学学士学位或本科毕业	5年	无此类人员
		专科毕业	8年	8年
相近专业	建筑工程的岩土工程　交通土建工程　矿井建设	工学硕士或研究生毕业及以上学位	9年	9年
	水利水电建筑工程　港口航道及治河工程　海岸与海洋工程	工学学士或本科毕业	8年	8年
	农业建筑与环境工程　建筑学　工程力学	专科毕业	9年	9年
	其他工科专业	工学学士或本科毕业及以上学位	8年	10年

注　表中"Ⅰ类人员"指基础考试已经通过，继续报考专业考试的人员；"Ⅱ类人员"指符合免基础考试条件只参加专业考试的人员，该类人员可一直报考专业考试，直至通过为止。

b.1970年（含1970年）以前建筑工程专业大学本科、专科毕业的人员。

c.1970年（含1970年）以前建筑工程或相近专业中专及以上学历毕业，从事结构设计工作累计10年以上的人员。

d.1970年（含1970年）以前参加工作，不具备规定学历要求，从事结构设计工作累计15年以上的人员。

（3）注册监理工程师。

①注册监理工程师简介。注册监理工程师是指经全国统一考试合格，取得监理工程师资格证书并经注册登记的工程建设监理人员。

1992年6月，建设部发布了《监理工程师资格考试和注册试行办法》（建设部第18号令），我国开始实施监理工程师资格考试。1996年8月，建设部、人事部下发了《建设部、人事部关于全国监理工程师执业资格考试工作的通知》（建监〔1996〕462号），从1997年起，全国正式举行监理工程师执业资格考试。考试工作由建设部、人事部共同负责，日常工作委托建设部建筑监理协会承担，具体考务工作由人事部人事考试中心负责。

②监理工程师资格的取得。监理工程师执业资格考试每年举行一次，考试时间一般安排在5月中旬，原则上在省会城市设立考点。考试设4个科目，具体是：建设工程监理基本理论与相关法规，建设工程合同管理，建设工程质量、投资、进度控制，建设工程监理案例分析。监理工程师执业资格考试合格者，由各省、自治区、直辖市人事（职改）部门颁发人事

部统一印制的、加盖人事部与建设部印章的中华人民共和国监理工程师执业资格证书，该证书在全国范围内有效。

③监理工程师的执业范围。注册监理工程师可以从事工程监理、工程经济与技术咨询、工程招标与采购咨询、工程项目管理服务以及国务院有关部门规定的其他业务。

④监理工程师报考条件。

a.参加全科（四科）考试条件：

• 工程技术或工程经济专业大专（含大专）以上学历，按照国家有关规定，取得工程技术或工程经济专业中级职务，并任职满3年。

• 按照国家有关规定，取得工程技术或工程经济专业高级职务。

b.免试部分科目的条件：对从事工程建设监理工作并同时具备下列4项条件的报考人员，可免试建设工程合同管理和建设工程质量、投资、进度控制两科。

• 1970年（含1970年）以前工程技术或工程经济专业中专（含中专）以上毕业。

• 按照国家有关规定，取得工程技术或工程经济专业高级职务。

• 从事工程设计或工程施工管理工作满15年。

• 从事监理工作满1年。

（4）造价工程师。

①造价工程师简介。造价工程师是通过全国造价工程师执业资格统一考试或者资格认定、资格互认，取得中华人民共和国造价工程师执业资格，并按照《注册造价工程师管理办法》注册，取得中华人民共和国造价工程师注册执业证书和执业印章，从事工程造价活动的专业人员。

1996年，依据《人事部、建设部关于印发〈造价工程师执业资格制度暂行规定〉的通知》（人发〔1996〕77号），国家开始实施造价工程师执业资格制度。1998年1月，人事部、建设部下发了《人事部、建设部关于实施造价工程师执业资格考试有关问题的通知》（人发〔1998〕8号），并于当年在全国首次实施了造价工程师执业资格考试。考试工作由人事部、建设部共同负责，人事部负责审定考试大纲、考试科目和试题，组织或授权实施各项考务工作。会同建设部对考试进行监督、检查、指导和确定合格标准。日常工作由建设部标准定额司承担，具体考务工作委托人事部人事考试中心组织实施。

全国造价工程师执业资格考试由国家建设部与国家人事部共同组织，考试每年举行一次，造价工程师执业资格考试实行全国统一大纲、统一命题、统一组织的办法。原则上每年举行一次，原则上只在省会城市设立考点。考试采用滚动管理，共设4个科目，单科滚动周期为2年。

②造价工程师资格的取得。全国造价工程师执业资格考试由建设部与人事部共同组织，实行全国统一大纲、统一命题、统一组织的办法，原则上每年举行一次，只在省会城市设立考点。考试采用滚动管理，共设5个科目，单科滚动周期为2年。考试科目有：工程造价的计价与控制、工程造价管理基础理论与相关法规、建设工程技术与计量（分土建与安装两类）、工程造价案例分析。通过造价工程师执业资格考试的合格者，由省、自治区、直辖市

人事（职改）部门颁发人事部统一印制的、加盖人事部和建设部印章的中华人民共和国造价工程师执业资格证书，该证书全国范围内有效。

③造价工程师的执业范围。造价工程师可在工程建设、设计、施工、工程造价咨询等单位从事计价、评估、审核、审查、控制及管理等工作，造价工程师只能在一个单位执业，造价工程师执业范围包括建设项目投资估算的编制、审核及项目经济评价，工程概、预、结（决）算，标底价、投标报价的编审，工程变更及合同价款的调整和索赔费用的计算，建设项目各阶段工程造价控制，工程经济纠纷的鉴定，工程造价计价依据的编审及与工程造价业务有关的其他事项。

④造价工程师报考条件。

凡中华人民共和国公民，遵纪守法并具备以下条件之一者，均可申请造价工程师执业资格考试：

a.工程造价专业大专毕业，从事工程造价业务工作满5年；工程或工程经济类大专毕业，从事工程造价业务工作满6年。

b.工程造价专业本科毕业，从事工程造价业务工作满4年；工程或工程经济类本科毕业，从事工程造价业务工作满5年。

c.获上述专业第二学士学位或研究生班毕业和获硕士学位，从事工程造价业务工作满3年。

d.获上述专业博士学位，从事工程造价业务工作满两年。

上述报考条件中有关学历的要求是指经国家教育部承认的正规学历，从事相关工作经历年限要求是指取得规定学历前、后从事该相关工作时间的总和，其截止日期为报考当年年底。

（5）注册建筑师。首先需要区分一下注册建筑师和注册建造师。注册建筑师是依法取得注册建筑师资格证书，在一个建筑设计单位内执行注册建筑师业务的人员。注册建造师是依法取得注册建造师资格证书，从事建设工程项目总承包和施工管理关键岗位的专业技术人员。

虽然两者都是国家执业资格，需要通过统一的考试并在省级以上主管部门进行注册，获得相应的注册证书。但注册建筑师是设计院的建筑师注册资格，主要服务于建筑设计；注册建造师则是现今项目经理执业制度改革后的注册资格，主要是服务于工程总承包单位的。简单来讲，建筑师是设计者，建造师是管理者。

①注册建筑师简介。注册建筑师是指经考试、特许、考核认定取得中华人民共和国注册建筑师执业资格证书（以下简称执业资格证书），或者经资格互认方式取得建筑师互认资格证书（以下简称互认资格证书），并按照《中华人民共和国注册建筑师条例》注册，取得中华人民共和国注册建筑师注册证书（以下简称注册证书）和中华人民共和国注册建筑师执业印章（以下简称执业印章），从事建筑设计及相关业务活动的专业技术人员。

②建筑师资格的取得。全国一级注册建筑师执业资格考试由建设部与人事部共同组织，考试采用滚动管理，共设9个科目，单科滚动周期为5年。一级注册建筑师考试科目有：设计

前期工作、场地设计（知识）、建筑设计（知识）、建筑结构、环境控制与建筑设备、建筑材料与构造、建筑经济、施工与设计业务管理、建筑设计与表达、场地设计。一级注册建筑师考试合格成绩有效期为5年，在有效期内全部科目合格的，由全国注册建筑师管理委员会核发中华人民共和国一级注册建筑师执业资格证书。二级注册建筑师考试科目有：建筑设计与表达、建筑结构与设备、建筑法规、经济与施工。二级注册建筑师考试合格成绩有效期为2年，在有效期内全部科目考试合格的，由北京市注册建筑师管理委员会核发中华人民共和国二级注册建筑师执业资格证书。

③建筑师的执业范围。建筑师的执业范围包括：建筑设计、建筑设计技术咨询，建筑物调查与鉴定，对本人主持设计的项目进行施工指导和监督；国务院行政主管部门规定的其他业务。一级注册建筑师的建筑设计范围不受建筑规模和工程复杂程度的限制；二级注册建筑师的建筑设计范围只限于承担国家规定的民用建筑工程等级分级标准三级（含三级）以下项目。五级以下项目，允许非注册建筑师进行设计，注册建筑师的执业范围不得超越其所在建筑设计单位的业务范围。注册建筑师的执业范围与其所在建筑设计单位的业务范围不符时，个人执业范围服从单位的业务范围。

④建筑师的报考条件。

a.符合下列条件之一的，可以申请参加一级注册建筑师考试：

• 取得建筑学硕士以上学位或者相近专业工学博士学位，并从事建筑设计或者相关业务2年以上的。

• 取得建筑学学士学位或者相近专业工学硕士学位，并从事建筑设计或者相关业务3年以上的。

• 具有建筑学大学本科毕业学历并从事建筑设计或者相关业务5年以上的，或者具有建筑学相近专业大学本科毕业学历并从事建筑设计或者相关业务7年以上的。

• 取得高级工程师技术职称并从事建筑设计或者相关业务3年以上的，或者取得工程师技术职称并从事建筑设计或者相关业务5年以上的。

• 不具有前四项规定的条件，但设计成绩突出，经全国注册建筑师管理委员会认定达到前四项规定的专业水平的。

b.符合下列条件之一的，可以申请参加二级注册建筑师考试：

• 具有建筑学或者相近专业大学本科毕业以上学历，从事建筑设计或者相关业务2年以上的。

• 具有建筑设计技术专业或者相近专业大学毕业以上学历，并从事建筑设计或者相关业务3年以上的。

• 具有建筑设计技术专业4年制中专毕业学历，并从事建筑设计或者相关业务5年以上的。

• 具有建筑设计技术相近专业中专毕业学历，并从事建筑设计或者相关业务7年以上的。

• 取得助理工程师以上技术职称，并从事建筑设计或者相关业务3年以上的。

思考题

1. 请简述我专业的办学特色和优势。
2. 你认为通识教育对你今后的职业发展有益处吗？益处何在？
3. 你学习的专业有哪些专业资格证书的要求？
4. 你今后会参加哪些课外活动以全面提高自身素质？

专题三 认知专业

学习目标

通过对本专题的学习，能够清晰地认识到建筑工程专业发展目标与培养目标，专业人才素质技能要求，教学计划及学分安排，课程体系设置及专业资源优势，了解建筑工程技术专业校内外专业实践的过程。

学习任务

1. 通过课堂学习，走入建筑施工场地进行认识实习。
2. 参观校内工程类实训室。
3. 结合专业人才培养目标与专业素质技能的要求，完成一份详细的大学学习规划。

一、专业人才培养目标与专业素质技能

1. 专业人才培养目标

本专业培养适应社会主义现代化建设需要，德、智、体、美、劳全面发展，掌握本专业必备的基础理论知识，具有本专业相关领域工作的岗位能力和专业技能，适应建筑工程生产一线的技术、管理等职业岗位要求的技术及管理人才。主干课程有：建筑材料、建筑识图与构造、建筑力学与结构、地基与基础、建筑施工、高层建筑施工、建筑施工组织、建筑工程计量与计价等。就业方向：建筑施工企业作为土建专业技术负责人或从事工程项目组织、现场施工管理、质量验收、施工安全、材料检测、技术资料及工程造价等方面的技术工作，也可以在建设单位、建设行业管理部门、监理、设计和物业房管单位从事一般的技术及管理工作。主要工作岗位有：施工员、质检员、安全员、资料员、材料员，相关工作岗位有：监理员、造价员、测量员。

通过在校培养，该专业毕业生经过3~5年的业务实践及自主学习后，经过国家执业资格考试，成长为行业注册工程师，胜任现场施工技术方案实施、施工现场安全及质量管理、建筑工程预决算编制、监理单位现场管理、建设单位现场管理等岗位，10年后可胜任施工企业项目经理、建设单位工程管理等岗位。

（1）建筑工程技术专业职业岗位能力分析。通过对建筑行业长期的调研及历届本专业高职毕业生的就业岗位统计，全国高等职业教育土建类指导委员会长期以来的交流研讨总

结，全国多家建设类示范高职院校的参与研究，总结出高职建筑工程技术专业学生在建筑行业主要的岗位有：施工员、造价员、资料员、安全员、材料员、质检员等岗位。

通过对这些岗位的能力要求进行分解细化，将该专业对应的职业岗位能力归纳为以下12项专业综合能力，分别是：建筑工程图识读能力、基本建筑构件验算及一般设计能力、常见建筑材料应用及检测能力、建筑施工技术应用能力、建筑施工组织与管理能力、建筑施工成本控制能力、建筑工程安全管理能力、建筑工程质量管理能力、建筑工程资料管理能力、建筑施工测量能力、计算机应用能力、主要工种操作能力。

（2）能够胜任的工作范围。建设行业管理单位、建筑工程施工企业、建筑规划设计企业、建设工程监理咨询企业、建设工程招投标公司、房地产开发企业等。

①建设行业管理单位：建设建筑工程技术、质量检验、检查等工作。

②建筑工程施工企业：施工准备、工程施工、竣工验收等工作。

③建筑规划设计企业：建筑工程施工图绘图、设计等工作。

④建设工程监理咨询企业：建筑工程进度、质量、投资控制等工作。

⑤建设工程招投标公司：建设工程招投标、造价分析等工作。

⑥房地产开发企业：技术管理、成本管理、质量管理等工作。

2. 专业素质技能与培养

（1）基本素质。

①政治素质：热爱党、热爱祖国，树立正确的世界观、人生观、价值观，有明辨是非的能力。

②思想道德素质：具有忠于职守、诚实守信、吃苦耐劳的职业道德和法律意识。

③身心素质：健康的身体，积极向上的乐观心态和较强的适应能力。

（2）通用能力。

①综合运用专业知识分析解决实际问题的能力。

②创新能力。

③运用新工艺、新技术、新材料、新方法的能力。

④组织管理、协调能力。

⑤交际和沟通的能力。

⑥语言表达能力和写作能力。

⑦英语应用能力。

⑧安全意识、文明生产管理能力。

⑨环境保护、质量控制和成本核算能力。

（3）专业技能。

①正确识读建筑施工图。

②熟练编制施工组织设计。

③能够根据施工图纸、工程量计算规则及定额组成，进行工程量清单计价，会使用常用预算软件。

④能够使用各种测量仪器进行测量工作。

⑤能够根据常用地基处理技术及应用条件，进行基坑（槽）开挖放线、工程量计算，制订深基坑支护和排水方案。

⑥能够进行砌体结构的施工及质量检查与控制。

⑦能够进行脚手架搭设及制订安全措施。

⑧能够根据结构配筋图，进行钢筋下料长度计算，制作钢筋加工配料单，实施钢筋加工与设备使用，并能完成钢筋绑扎安装，能进行钢筋绑扎安装后的质量检查，并做工作记录。

⑨能够根据项目对混凝土强度等级及和易性要求，进行混凝土组成材料检测、选择、配合比设计及拌和设备选择，完成混凝土拌和、新拌混凝土性能检测，并做工作记录。

⑩能够根据构件的断面尺寸、形状及钢筋疏密程度、混凝土拌制地点与构件的距离，提出混凝土运输要求和运输方式与设备选择，确定混凝土浇筑及振捣方式、混凝土养护方式，确定拆模时间及强度检验，并做工作记录。

⑪能进行钢构件的生产加工、制作、安装。

⑫根据装饰材料性能、特点进行材料选用，能够进行装饰工程的质量检查与控制。

⑬能够根据防水材料的种类、性能确定材料的使用，能够进行防水工程的质量检查与控制。

（4）课程与专业技能对应关系。具有良好的专业技能是高等教育培养的目标，在专业建设和课程设置上都是围绕这个目标建立的，不同的课程设置对培育高水平高等人才有着不同的作用，从人身修养到专业知识，到能力锻炼，再到能力拓展等。建筑工程技术专业的课程培养体系对本专业学生的职业技能实现了全方位的培养，如表3-1所示。

表3-1　课程与专业技能培养对应表

基础知识	技术领域	职业技能	职业能力与素质
德育类、政治类	基本素质领域	政治思想、文化、身心、业务等方面的基本素质与能力	爱岗敬业，刻苦钻研业务、恪尽职守，热爱集体，团结协作，文明生产，勇于开拓创新
计算机应用基础、工程CAD等知识	基本技能领域	文字及数据的处理、应用CAD进行技术工作、应用计算机编制工程预算和决算的技能	计算机应用能力
建筑制图、建筑力学、房屋建筑学、建筑结构、地基与基础、建筑设备等知识	专业技能领域	识读、绘制建筑工程施工图、竣工图；阅读和编制工程图技术说明的技能	绘制与识读施工图的能力
建筑材料知识		常用建筑材料的性能及应用；常用建筑材料的检验、存放及保管；建筑材料检验报告单的审查；常用建筑材料的基本技术指标及检测的技能	常用建筑材料的应用能力

续表

基础知识	技术领域	职业技能	职业能力与素质
建筑力学、建筑结构、地基与基础、数学等知识	专业技能领域	确定结构计算简图和内力的计算；常见结构体系的认知；基本构件的设计和验算；施工中结构问题的认知和处理；基础的结构处理的技能	基本建筑构件的验算能力
建筑工程测量、建筑施工技术等知识		定位及抄平放线、垂直度控制；建筑变形观测的技能	建筑施工测量的能力
工程建设法规与合同管理、建筑工程监理概论、建筑施工技术、建筑施工组织等知识		编制一般建筑工程的施工组织设计；施工现场的布置及施工方案的制订；施工现场管理；施工进度计划的编制；施工内业文件的编制和归档；参与图纸会审及技术交底的技能	施工管理能力
建筑制图、房屋建筑学、建筑材料、建筑施工技术、建筑施工组织、建筑工程计量与计价等知识		进行土建工程量的计算；准确应用各种计量计价文件；编制土建工程预算；进行土建工程的工料分析；参与竣工决算的技能	编制和计算建筑工程造价的能力
工程建设法规与合同管理、建筑施工技术、建筑安全技术与管理等知识		参与编制施工安全技术措施；参与施工安全教育；进行施工安全技术交底；参与处理施工安全事故的技能	安全施工的管理能力
建筑施工技术、建筑工程质量检验与评定、建筑工程事故分析与处理等知识		掌握土建工程施工的质量标准；掌握主要工种检验的程序和手段；一般质量缺陷的处理；工程质量检验及验收表格填写的技能	施工质量的检验能力
工程建设监理概论、建筑工程质量、进度、投资控制、工程建设法规与合同管理等知识		建筑工程质量、进度、投资控制的能力；建筑工程合同、信息、安全管理的能力；协调建筑工程各参与方的关系的能力	建筑工程施工监理的能力
建筑施工技术等知识		钢筋工、模板工、砌筑工、抹灰工、混凝土工的操作能力	建筑工程主要工种的操作能力
建筑工程管理与实务、建设工程项目管理、工程建设法规与合同管理、建设工程经济等知识		法规与合同管理、施工组织设计、工程案例分析、经济效益分析等内容的考核能力	考取岗位执业资格证书的能力

二、专业教学计划与学分安排

1. 教学计划

建筑工程技术专业主要为建筑企业培养建筑施工现场一线技术管理型人才。因此，该专业应根据建筑施工企业需求，设置的专业课程需要确保学生通过该课程的学习，能掌握一项专业实践技能，并且能与建筑施工企业人才需求对接。

通过明确职业岗位群的典型工作任务，将专业能力通过教学论和方法论的转换后，落实到教学计划的课程设置中。在课程体系设计中采用公共基础课程、专业平台课程加专业方向性课程的组合模式。并根据课程的结构和课程重要程度进行学分和课时安排。本专业课程体系如图3-1所示。

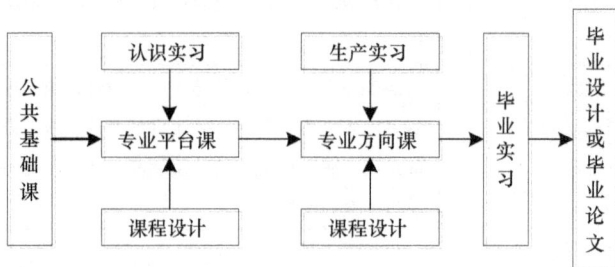

图3-1　建筑工程技术专业课程体系

根据专业岗位工作需求并结合我国建筑工程技术专业现开设课程具体情况，对部分课程内容进行分解、重组和更新，本着专业理论全面、专业实践技能扎实的原则，整合出部分既能适应专业岗位工作实践需求，又较符合本校建筑工程技术专业实际师资、设备条件的专业项目课程，如建筑施工现场管理、工程资料整理、单位工程项目验收、单位工程项目测量、单位工程项目招投标、单位工程项目预决算和钢筋分部工程及其他各分部工程工艺实训等项目课程，专业项目课程的设置宜少而精，并加强专业知识的综合性、完整性、实用性、实践性，尽可能避免课程之间的内容重复，专业项目课程课时以30～60学时为宜，个别甚至可少到30学时以下，并尽可能使每一项课程都能让学生掌握实际岗位工作的某一项实践技能。

本专业毕业生所需总学分为130学分，其中必修课为120学分，占总学分92.31%；选修课学分10分，占7.69%（图3-2）。总学时为2472学时，其中必修课程38门，共2312学时，占总学时93.53%，选修课程160学时，占总学时6.47%；集中实践教学28.5周（746学时），占总学时30.18%（图3-3）。专业教学计划如表3-2所示。

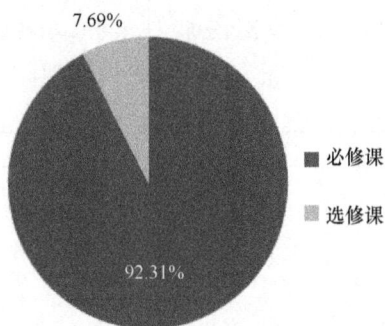

图3-2　课程学分比例

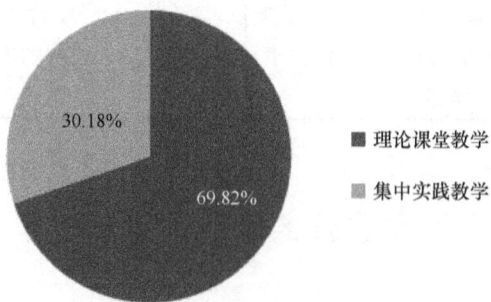

图3-3　教学课时比例

表3-2 2011级建工系建筑工程技术专业教学计划（必修课）

专业代码：111J03560301		招生对象：高中生	学制：3年			制表日期：2011年5月					

| 课程类型 | 课程名称 | 课程代码 | 总学分 | 总学时 | 各学期周学时数/周数 | | | | | | 备注 |
					一	二	三	四	五	六	
公共基础课	校园文明素质养成	Q0003	1	24	2/2	2/2	2/2	2/2	2/2	2/2	
	毕业教育与入职准备	Q0004	0.5	12					24/0.5		
	人文素质与社会生活	M0010	2	32		2/3	2/3	2/3	2/2		
	形势政策与人生	M0009	1	32	2/3	2/3	2/3	2/3			
	毛泽东思想与特色理论概论	M0011	4	64			2/12	2/12			
	思想道德修养与法律基础	M0005	3	48	2/8	2/8					
	计算机应用	E4197	3.5	56		5*/12					
	工程应用数学	E1116	4	64	4/16						
	交流与表达	F4012	2.5	40		4/10					
	应用英语	F3005	10	160	6*/12	6*/15					
	体育与生理健康	N0005	3.5	56	2/12	2/16					
	国防教育	N0003	2	110	55/2						
	职业发展与就业创业指导	Q0006	1.5	24	2/4			2/4			
	心理健康教育	Q0005	1	16	2/2	2/2	2/2	2/2			
	入学教育	Q0001	0.5	6	6/1						
职业技术课	建筑施工技术岗位实习	J2015	3	72				24/3			校外实习
	安装工程施工图识读	J3003	2	32				4/8			理实一体
	建筑工程定额与预算	J3005	4	64					8*/8		理实一体
	建筑合同管理	J30**	2.5	40					6*/7		理实一体
	工程造价管理软件应用	J3018	2	48					24/2		校内实训
	工程项目管理软件应用	J3020	2	48					24/2		校内实训
	钢结构工程识图与施工	J2021	3	48				4*/12			理实一体
	高层施工专项方案设计	J2038	4	64				6*/11			理实一体
	施工组织与管理	J2018	5	80				8*/10			理实一体

课程类型	课程名称	课程代码	总学分	总学时	各学期周学时数/周数						备注
					一	二	三	四	五	六	
职业技术课	钢筋下料实训（建工技术）	J2010	1	24				24/1			校内实训
	建筑结构设计	J1013	5	80			6*/14				理实一体
	计算机辅助设计	J1010	2.5	40			4/10				理实一体
	地基与基础	J2008	3	48			4*/12				理实一体
	测量实践（建工技术）	J2006	1	24			24/1				校内实训
	建筑工程测量技术	J2003	3.5	56			4/14				理实一体
	建筑施工技术	J2011	5	80			6*/14				理实一体
	建筑工程力学	J10**	6.5	104	4*/8	6*/12					理实一体
	建筑工程构造设计与建筑施工图识读	J1009	4	64		8*/8					理实一体
	建筑材料与检测	J1007	3	48		4*/12					理实一体
	顶岗实习与毕业设计（建工）	J2042	10	360					24/5	24/10	校外实习
	建筑工程制图与识图	J10**	4.5	72	10/8						理实一体
	职业分析与专业认识实习（建工技术）	J2001	1.5	24	4/6						理实一体
	毕业考核	J0001	2	48						24/2	校内实训

注 *号表示该课程为考试课。

2. 学分安排

在专业课程设置的基础之上还涉及课程课时结构，以及教学考核体系的相关内容。在总体规划上首先设计好专业学时/学分分配表，建筑工程技术专业学时/学分分配如表3-3所示。

表3-3 2011级建筑工程技术专业学时/学分分配

学年	学期	学时数（必修）	学分数（必修）	各教学环节时间数（周）	集中性安排的实践课	
					周数	其中生产性实践周数
一	1	456	23	20	2	
	2	446	27	19		
二	3	382	23	21	1	
	4	386	22	19	4	3

续表

学年	学期	学时数（必修）	学分数（必修）	各教学环节时间数（周）	集中性安排的实践课	
					周数	其中生产性实践周数
三	5	338	12	21	9	5
	6	304	13	14	12.5	10
合计		2312	120	114	28.5	18

三、专业主要课程简介

本专业以工学结合为指导思想开发课程，在行业、企业、毕业生、业内教育专家、专业教师等多方人士组成的教学团队共同参与下，针对该课程进行深入分析和论证，开发该课程所需的核心内容，形成体现工学结合、实境教学的完善的课程模式。结合现行规范、行业标准及能力模块实施课程整合，在培养学生技术应用能力的同时，加强学生职业道德、职业素质和职业技能培养，增强学生的岗位适应能力，提高就业竞争力。

本专业主要课程介绍如下。

（1）建筑工程制图与识图。

基本学时：72学时。

课程简介：本课程主要介绍建筑制图的基本原理、基本作图与读图方法以及国家标准的有关规定，分析点、线、面、立体、组合体的正投影图，识读建筑施工图、结构施工图等建筑图。培养学生绘制和识读基本正投影图、简单组合体图和各类施工图的基本技能，培养学生对三维物体形状与相对位置的空间思维能力，同时培养学生认真负责的工作态度和严谨、细致的工作作风。提高他们解决建筑制图实际问题的能力和创新精神、提高综合素质，达到"知识、能力、素质"有机统一的教学目标。

（2）建筑材料与检测。

基本学时：48学时。

课程简介：本课程主要介绍建筑工程材料的种类、性能、组成、选用的方法；常用装潢材料的名称、规格、使用范围和技术要求；分析主要材料的试验方法与过程，各种新型材料的研究发展方向与生产应用。通过本课程的学习，培养学生选用不同建筑材料的基本能力、分析材料对工程质量的影响，培养他们分析、解决工程实际问题的能力和创新精神、提高综合素质，达到"知识、能力、素质"有机统一的教学目标。

（3）建筑工程力学。

基本学时：104学时。

课程简介：本课程是建筑工程技术专业的一门重要技术基础课，涵盖静力学、材料力学、结构力学的主要内容。本课程教学内容分两学期实施。第一学期要求学生掌握正确的受力分析和力系平衡条件，对杆件的强度问题具有明确的概念和一定的计算能力，使学生具备一定的力学思维能力。第二学期要求学生进一步学会应力分析，进行杆件强度、刚度、稳定性计算，并能对各类杆系结构进行内力和位移计算。本课程旨在培养学生对建筑工程问题的简化能力，以及对简单的建筑结构构件进行设计的能力，为建筑结构设计、钢结构识图与施工等后续专业课程的学习服务，并为从事建筑施工相关工作打下一定的基础。

（4）建筑工程测量技术。

基本学时：56学时。

课程简介：通过本课程的学习，应掌握建筑工程测量的基本理论、基本知识；掌握小区域控制测量的理论和方法；大比例尺地形图的测绘方法及应用；掌握建筑工程测量的主要内容及方法，具备建筑工程施工测设的能力。能正确使用常规测量仪器（经纬仪、水准仪、钢尺）进行普通测量工作，并能对测量仪器进行一般性的检验；能正确使用测距仪、全站仪、自动安平水准仪等仪器，并对GPS、电子水准仪等新仪器有所了解；根据《规范》要求，能正确记录测量数据，能正确计算放样时所需的测设数据；在校期间通过技能训练，达到初级工程测量员的水平。培养小区域平面高程控制网的布设、观测及数据处理的能力；培养独立组织大比例尺地形图的测绘工作的能力；掌握施工控制网的测设，工业与民用建筑中的施工测量方法。

（5）建筑工程构造设计与建筑施工图识读。

基本学时：64学时。

课程简介：本课程主要介绍基础、墙体、屋面、楼梯、楼地面、门窗等建筑构件的主要构造；识读建筑施工总平面图、平面图、立面图、剖面图、详图等；分析建筑构造特点对建筑功能的影响、建筑施工图的绘制方法和表现特点。通过本课程的学习，培养学生根据建筑功能要求选用建筑构造的基本能力，培养他们分析、解决工程实际问题的能力和创新精神、提高综合素质，达到"知识、能力、素质"有机统一的教学目标。

（6）建筑施工技术。

基本学时：80学时。

课程简介：建筑施工技术是建筑工程技术、工程造价等专业的专业核心技能课程。通过建筑施工技术课程的教学使学生了解国内外建筑施工新技术和新动向及国家技术政策；掌握建筑施工技术的基本理论知识；掌握建筑施工工艺和施工方法以及质量验收方法；培养独立分析和解决问题的初步能力；能根据工程实际情况确定相应的施工方案和技术措施；培养建筑施工技术基础较扎实、思维敏捷、富于创新、动手应用能力强的社会建设人才。

（7）建筑结构设计。

基本学时：80学时。

课程简介：本课程是建筑工程技术专业进行职业能力培养的一门职业核心课程，集理论与实践为一体，培养学生直接用于房屋建造、工程施工管理等岗位工作中所必需的结构分析能力，以及运用房屋结构构件的基本计算原理进行初步分析和设计的能力，同时帮助理解建筑施工技术、钢结构工程识图与施工、建筑质量与安全控制等后续课程涉及的结构概念。通过本课程学习，使学生能运用结构的设计原理及结构的特点进行基本构件的设计；同时能够设计简单结构（如混凝土梁板结构、楼梯、雨篷、砌体构件），并满足工程实际所需的构造要求；能根据计算及规范要求正确地选择和配置构件中的各种钢筋；能在工程施工中正确的理解结构设计意图；具备熟练识读和绘制平法结构施工图的能力。

（8）钢筋下料实训。

基本学时：24学时。

课程简介：通过本实际工程项目，训练学生钢筋识读的能力，通过该实训课程，使学生能熟悉国标图集11G101《混凝土结构施工图平面整体表示方法制图规则和构造详图》，读懂结构施工图，完成基本构件，如柱、梁、板、墙、基础工程的钢筋下料，并运用鲁班钢筋2012（施工版）V8.0.0《平法钢筋下料软件》，完成施工图信息录入，将机算结果与手工翻样进行对比，准确地完成钢筋翻样、优化下料。

（9）施工组织与管理。

基本学时：80学时。

课程简介：施工组织与管理是建筑工程技术专业学生必修的一门核心专业课。主要包括流水施工、工程网络技术、施工组织设计的基本内容。通过对本课程的学习，使学生具有独立分析和解决建筑工程中有关施工组织计划管理问题的基本能力；掌握建筑工程施工的科学组织与管理、控制的模式、方法和手段；掌握流水施工、工程网络技术、施工组织设计的基本内容，具备拟订施工方案，进行初步施工组织设计能力。通过该部分的教学使学生能够看懂、编制简单工程的施工组织设计。

（10）地基与基础。

基本学时：48学时。

课程简介：通过本课程，掌握理论公式的意义和应用条件，明确理论的假定条件，掌握理论的适用范围；掌握土的力学指标的含义、土的常规力学指标的试验方法、常见基础设计方法及构造要求、常见地基问题的处理方法；具有常见土的识别能力；具有土工测试的能力；掌握常规项目的土工实验方法和一般土性指标的现场测试方法；初步具有土性指标的分析能力；具有地质勘察报告的阅读和使用能力；根据建筑物具体情况和场地的地质条件，具有选择地基基础方案的能力；具有地基基础的计算能力；对刚性基础、扩展基础具有设计计算能力，对箱形基础、筏板基础要求了解其设计原理；具有处理地基常见问题（如土质不均匀）的能力。同时树立作为工程技术人员、工程管理人员应有的职业道德、敬业务实精神；培养团队协作精神、科学的工作态度和严谨的工作作风，并具有环保意识和开拓精神。

（11）高层施工专项方案设计。

基本学时：64学时。

课程简介：高层施工专项方案设计是建筑工程技术专业的一门核心课程，是建筑施工技术、地基与基础、钢结构、建筑测量、建筑工程力学、施工组织设计等课程的综合运用，具有很强的实践性，主要涵盖基坑支护设计、高层建筑扣件式脚手架设计、高大模板施工设计、钢结构工厂制作和现场安装、高层建筑测量技术、大体积大面积混凝土施工、整体升降脚手架设计、装配式混凝土结构施工、垂直运输机械安装设计、施工现场临时用电等专项方案设计计算等内容。通过课程的学习，学生能根据现场实际，独立制订专项施工方案（含手工计算）。通过专项方案研讨会、现场教学等形式，对所制订的专项方案进行检验，为以后从事类似工作提供直接的经验。学生通过学习该课程，还能为后续建筑施工安全、建筑安全管理软件与操作实务、顶岗实习与毕业设计等课程有机融合，更好地加强项目实际操作技能的锻炼。

（12）钢结构工程识图与施工。

基本学时：48学时。

课程简介：钢结构工程识图与施工课程着重培养钢结构行业从业人员的钢结构施工和管理技能，课程主要讲授钢结构基本知识、建筑钢结构钢材的选用、钢结构的连接、钢结构加工制作、钢结构涂装工程施工、钢结构安装常用机具设备、钢结构安装准备、钢结构安装施工、网架结构工程安装、压型金属板工程和特种钢结构安装等内容。

通过本门课程的学习，使学生能够熟练识读钢结构设计图和深化图；能够编制杆件和节点的加工工艺措施（相贯线切割等）、钢结构的拼装工艺措施、钢结构的分段和焊接工艺措施、涂装工艺措施，构件验收出厂、成品保护措施和运输计划，能组织钢结构的取样和送检；编制掌握铸钢件材料特性、加工工艺、质量保证措施；根据工程实际条件进行施工总体部署、管理与资源配置，重点是现场临建计划、施工通道布置、现场拼装场地布置和编制人、材、机进场计划；编制钢结构的现场胎架制作和拼装专项方案，并按照方案组织现场拼装胎架的制作、进行管桁架的拼装和质量控制、检查和验收；编制钢结构的安装专项方案并按照方案进行构件的验收和运输、吊装设备选用、埋件的埋设、钢结构的吊装，能够进行吊机和吊具验算、吊装变形验算、支撑胎架验算、滑移轨道验算、支撑胎架的验算等；编制钢结构的现场涂装专项方案并根据方案指导进行涂料的施工和验收、进行防腐和防火涂料漆膜厚度的检测和评定工作；编制钢结构施工的质量控制及保证措施，能根据方案建立确定质量保证体系（包括质量管理组织保证体系、质量文件及规范保证体系、质量措施保证体系）；明确质量控制目标、控制程序和控制措施；编制钢结构的施工安全专项方案，能根据方案建立安全管理体系，明确安全管理目标（包括安全管理方针、项目部安全生产岗位职责和安全管理制度），制订安全生产具体措施（包括施工现场安全防护措施、安装过程安全保证措施和大型机械安全保证措施）并组织实施安全交底。

（13）建筑合同管理。

基本学时：40学时。

课程简介：建筑合同管理是建筑工程技术、市政工程技术专业的一门专业拓展课程，通过该课程的学习使学生熟悉常用的建设法规和合同法，具备草拟建设工程合同的能力；具备对工程项目合同方式选择与条款审核的能力；具备工程项目索赔的能力。课程内容包括建筑法、招投标法、合同法等的应用；建设工程合同的类型；建设工程合同方式选择与应用；建设工程项目签证变更；建设工程项目索赔与价款调整结算。课程教学上以建筑法案例、招投标案例、建筑合同案例、签证变更案例以及工程索赔案例为载体，模拟工程项目实施过程的相关法规应用与合同管理进行任务式教学。

（14）安装工程施工图识读。

基本学时：32学时。

课程简介：安装工程施工图识读是建筑工程技术专业的一门职业技术课程，是建筑工程技术专业从事现场施工必须具备的专业基本知识，也是从事安装工程计量与计价必备的专业基本知识。该课程包括建筑给排水、建筑电气、建筑暖通空调、建筑消防四个部分的内容。通过安装工程施工图识读课程的学习，学生应掌握建筑安装工程的基本构成和施工工艺；具备熟练识读建筑给排水施工图的能力；具备建筑电气工程施工图识读的能力；具备建筑采暖、通风空调工程施工图识读的能力；具备建筑消防工程施工图识读的能力；具备施工现场临时用水用电的方案设计能力。

（15）建筑工程定额与预算。

基本学时：64学时。

课程简介：建筑工程定额与预算是建筑工程技术专业的一门重要的、实用性很强的专业课程，是建筑工程技术专业的必修课程，也是建筑工程技术专业的核心课程。通过该课程的学习，学生掌握完成建筑产品的生产要素消耗数量，使学生掌握在实际施工生产过程中《江苏省建筑与装饰工程计价表》的正确运用，能正确计算建筑产品的预算造价，学生掌握根据工程图设计文件及工程量计算规则依据（建筑工程施工规范要求、标准图集、各地计价定额规定的计算方法等）确定建筑工程的工程量的方法和技巧，掌握根据工程图设计文件、建筑工程施工规范要求、清单计价规范要求及定额规定、各地行政法规及计价文件要求，编制和确定建筑工程价款的方法和技巧，达到造价员应具备的建筑工程预决算理论水平和实际操作能力。为学生今后在建筑企业从事造价员、预算员岗位工作打下一定的基础。建筑工程定额与预算课程是一门技术性、专业性和综合性很强的专业课程，它涉及本专业许多课程，必须以建筑识图、建筑施工组织管理为基础，与建筑构造、建筑材料、施工技术、建筑结构以及其他专业课的有关知识相配合。

四、专业教学优势

1. 强化实训环节，加大实训力度

重新整合实训群，设置职业基础实训群、职业综合实训群、生产性实训群等，根据职业主要岗位能力（设计、投标造价、施工、质量检验、资料管理等）设置校内实训项目，加大综合实训、生产性实训的力度。加入校外实训的比例，设置识岗、熟岗、顶岗、上岗4个实训学期。职业基础实训群主要包括建筑工程力学实训、工程测量实训、建筑结构实训、建筑工程制图实训、建筑材料实训、土工实训和校外识岗实训；职业综合实训群主要为校内熟岗实训，主要包括建筑工程设计实训、施工图识读与翻样综合实训、投标报价综合实训、建筑工艺实训（砖瓦工、钢筋工等）、施工及管理综合实训等；生产性实训群主要为校外识岗、熟岗、顶岗、上岗实训，通常为施工员岗、安全员岗、造价员岗、监理员岗、质检员岗、资料员岗、设计员岗或其他岗位，生产性实训还有结合实际工程的建筑材料检测、工程地质勘察与土工试验、建筑工程设计、桩基检测、结构试验、检测与加固等环节。

　　学院在加强校内实验实训条件建设的同时，根据学生职业能力的培养要求，充分利用社会资源加强校外实训基地建设。近年来，我们与一些优秀建筑企业建立了稳定的校外实习基地，在管理和运行机制上制订了保障措施，与企业签订了校企合作协议，保证学生在校外实训基地的技术指导和安全，每次实习前我们都会制订详细的实习计划，实习安全保障措施，明确指导教师的职责和任务，明确学生的实习任务、组织纪律要求和成绩考核办法，教师必须填写实践教学日志，学生必须写实习日记、实习报告。实习结束进行严格的实习答辩，组织校内外指导教师座谈，总结经验，找出不足，使实习质量不断得到提高，在实习中我们加强了实习教学的管理，学生带着任务在实习训练中找答案，解决实践当中遇到的具体问题。

　　通过手动训练，提高专业学生绘制施工图、竣工图的能力，运用计算机编制工程预算和决算的能力，以辅助施工管理；通过测量实习，能够熟练掌握测量仪器的操作，施工放线的能力；通过工种实训操作为毕业后从事施工一线技术管理岗位工作打下坚实的基础。

　　2. **理论融合实训，教学做结合**

　　以职业能力为核心设计教学过程，使教学过程与学生职业能力形成过程相吻合，学生在工学结合的教学过程中完成职业能力的训练，实现"教、学、做合一"和"理实一体化"的教学新模式，教学过程主要采用工学结合、技师示教、案例教学和多媒体演示等多样化的教学手段。属于基础性、知识性，具有显性知识特征的内容，教师要尽量利用现代化教学手段来完成知识的传授。对于应用性技能，具有缄默知识特征的课程，我们采用动态示教、立体化的教学手段，把大量的教学内容安排在微机教室、模型室、工作室、专业仿真实训教室、实训车间等校内实训基地进行。

　　教学方法和教学手段是高职人才培养的实践环节和具体实施阶段。高职教育教学体现"以学为主"的教学思想和教学理念，改变传统灌输式的课堂教学，加大学生自主学习力度，变"以教为主"为"以学为主"，充分运用案例、讨论、观摩、模拟、实际操作以及产学研、结合项目教学等教学形式，借助现代化的教学设施，发挥学生在学习过程的主体作用。

　　根据不同课程的教学特点，采取不同的教学方法和教学手段，其具体措施是：

　　（1）专业技术课程采用启发式、探索式、讨论式现场教学等教学方法，注重课堂讲授与实践训练相结合，同时通过学术讲座方式将高新技术成果及其推广应用介绍给学生，使学生在实训中心，产学研基地里"干中学、学中干"，做到手、脑、口并用，教、学、做合一。

　　（2）管理、法规类管理提倡教师充分利用现代化教育技术手段，边教、边学、边做，通过案例教学、模拟教学，将理论注重对学生求导思想的培养，教师要有计划地组织创造性的活动，在活动中与学生互相影响、互相讨论，激发学生的积极主动性、独创性及求知欲望。

　　3. **实施双证合一整合教学内容**

　　教学中把人才的培养标准与职业资格标准和行业用人标准有机的结合，推动"双证"书教学，建工专业学生要求取得施工员、预算员、质检员等岗位证。围绕"双证书"和企业需求，根据产学研一体化培养人才的要求，增加证书课程。按照专业理论要全面的原则，将职业资格证书培训和考核必须掌握的内容整合到课程内容和课程设置中，实现职业资格教育与专业课程教学的有机结合，将CAD技术水平证书与CAD课程、测量放线工与测量课程、建材试验工与建材课程、工种考证与工种操作实训课程对接，使学生毕业后有一定的职业发展空间。

在获得毕业证书前，要求获得测量员、施工员、资料员、质检员、造价员、监理员、安全员等至少1个与建筑岗位紧密联系的职业资格证书，实行"双证书"制度。在学完对应课程后可以获得相应工种的等级证书（钢筋工、抹灰工、模板工、砌筑工等），在学完后续课程后可以获得相关岗位的职业资格证书，职业资格证书与课程设置能实现很好的对接。

4. 产学研合作教育提高学生就业能力

建筑工程技术专业开展产学研合作教育，做好以下几个方面的工作。

（1）推行工学合作结合。工学合作结合是指将课堂理论学习与参加社会上的定岗工作相结合。

（2）有完整的实施计划。凡是参加产学研合作教育的学生，应在其专业的培养计划中有产学研合作教育模块。在实施的过程中，学校、学生和用人单位三方，事先必须有一个完备的工作学期实施计划。

（3）做好定岗工作。学生在工作学期，应以"职业人"的身份到社会上寻求用人单位，任何愿意接纳产学研合作教育学生的用人单位，都应向学生提供实质性的工作岗位。

（4）加强过程监督。组织学生参加工作学期期间，要派教师对学生的工作情况进行监督，用人单位对学生工作学期的全程进行管理，像管理自己的员工一样，对学生在工作中的表现进行评价，确保工作学期的质量。

（5）进行评价考核。学生完成工作学期以后，对工作学期的收获和体会，要以书面形式按计划要求进行总结，用人单位在考核的基础上，给出学生的总成绩，作为以后用人单位雇用该学生的依据。

（6）一定的时间保证。对工作学期的时间要有一定的保证，一般为一个学期。

产学研合作教育培养出的学生在动手能力、处事能力、社会适应能力及综合素质等方面，将比以往单纯的学科教育培养出的学生有很大的提高。产学研合作教育能够使学校、学生和企业都能够顺应市场经济而受益，真正实现我院职业教育的健康发展。

五、专业学习

为适应建筑工程技术系统性、综合性、严谨性等特点，通过严谨、完善的执业资格认证考试而成为建筑工程技术从业人员，要求学生在大学阶段掌握良好的基础理论知识和技术方法，形成运用所学知识、方法，分析、解决建筑工程技术实践问题的能力，认真学好基础、职业技术课程，注重知识的融会贯通和加强实践技能培养，是学生努力学好建筑工程技术相关知识和技术方法的基本要求。建筑业职业发展如图3-4所示。

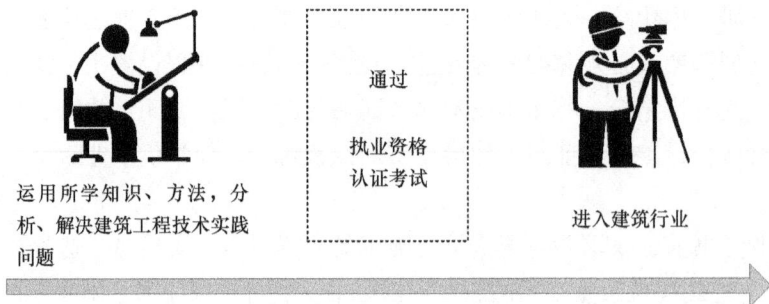

图3-4　建筑业职业发展

　　此外，进入大学学习首先要把握大学学习特点，树立现代学习观。相对中学的学习，大学的学习有着更高的要求，了解并掌握大学学习的特点，就能更好地适应大学的学习生活，收到事半功倍的效果。与中学阶段相比，大学学习具有独立性、自主性、探索性的特点。因此要转变中学学习思想，结合自身专业需求进行理论知识学习。

　　针对建筑工程技术专业来说，建筑工程技术是一项技术性非常强的、十分复杂的工作，为符合社会化大生产和完成精准目标的需要，其技术手段和方法必须标准化、规范化，标准化和规范化体现在建筑工程技术的各个方面，如专业术语、名词、符号的定义和标示，管理环节全流程的程序和标准，工程费用、工程计量和测定、结算方法，信息流程、数据格式、文档系统、信息的表达形式和各种工程文件的标准化，合同文本、招投标文件的标准化等。建筑工程技术全过程实现制度化、规范化和程序化管理，是现代建筑工程技术发展的必然趋势。

　　1. 认真学好基础课程

　　建筑工程技术专业课程包括公共基础课与职业技术课两部分。

　　公共基础课、职业技术课是高等职业教育的"基石"，极其重要，不可或缺，必须充分重视。如果将一个人取得的成就比作宝塔上的明珠，那么专业知识则是宝塔的塔身，而基础知识则是宝塔的基础，充分重视公共基础课程的学习，不仅能使我们获得丰富的基础知识，同时可逐步培养出我们的探索精神和勤于学习、善于学习的习惯，使我们能够多视角地认识自身和周边世界，从而至少能在一个知识领域中进行专门、集中和持续学习并取得良好的成效，能够享受到终身学习的乐趣并形成适应环境变化的能力。

　　（1）公共基础课程。公共基础课是各专业或学生所必须学习的基础课程，一般对一年级大学生开设，在高校教学中处于重要地位。公共基础课教学在学生专业学习及其终身发展中发挥着重要作用。

　　计算机信息基础、经济数学和大学英语等课程对于建筑工程技术专业的学生十分重要，学好这些课程对今后的学习和工作都很有帮助。

　　①计算机信息基础。信息化是当今国际社会发展的趋势之一，是人类继农业革命、城镇化和工业化后进入新的发展时期的重要标志。如今，建筑工程技术信息化已由探索、试点

逐步发展到较为广泛地得以采用，计算机和软件已经成为建筑工程技术极为重要的方法和手段，建筑工程技术的水平、效率的进一步提高也将很大程度取决于信息技术的发展和建筑工程技术软件的开发速度。工程管理信息资源的开发和利用，可以帮助建筑工程技术者吸取类似工程正反两方面的经验和教训，这些有价值的信息将有助于工程项目决策阶段多方案的选择，实施阶段的目标控制和建成后的运行管理。目前，经济发达国家的一些建筑工程技术公司已经在项目管理中较为普遍地运用了计算机网络技术，开始探索建筑工程技术的网络化和虚拟化，国内越来越多的工程管理工作者也开始大量使用建筑工程技术软件进行工程造价等专项工作，建筑工程技术实用软件的开发研究工作也不断有所进展。信息技术的飞速发展，必将进一步提升建筑工程技术的效率和水平。

21世纪是知识和信息经济时代，信息技术已经成为经济发展的助推器，越来越深刻地影响和改变着企业的经营、管理和销售模式。党的十五届五中全会指出："信息化是当今世界经济和社会发展的大趋势，也是我国产业优化升级和实现工业化、现代化的关键环节"，努力学习和良好掌握计算机和信息技术，对于推动建筑工程技术信息化具有十分重要的意义。

AutoCAD是由美国Autodesk公司开发的通用计算机辅助设计（Computer Aided Design，CAD）软件，具有易于掌握、使用方便、体系结构开放等优点，能够绘制二维图形与三维图形、标注尺寸、渲染图形以及打印输出图纸，目前已被广泛应用于机械、建筑、电子、航天、造船、石油化工、土木工程、冶金、地质、气象、纺织、轻工、商业等领域。

AutoCAD自问世以来，已经历十余次升级，每一次升级，在功能上都得到了增强，且日趋完善，正因为AutoCAD具有强大的辅助绘图功能，它已成为工程设计领域中应用最为广泛的计算机辅助绘图与设计软件之一。AutoCAD在工程领域的推广能大大缩短绘图的时间，提高图形的精确度和美观性，给设计和施工阶段乃至建筑工程技术的全生命周期带来了极大的方便。

在三维辅助设计技术（3D-CAD）的基础上，GraPhisoft公司考虑时间和成本因素，发布了一套五维（即三维模型+时间+成本）虚拟施工软件（Virtual Construction）。通过虚拟施工软件进行建模，对施工工程进行事先的动态模拟，检查施工中的冲突和碰撞等现象，可以在项目设计的初期及早发现问题，减少施工方案的不确定性，从而减少返工，还能大大缩短工程估价和预算的时间以及显著提高预算的准确性。目前，在我国应用比较普遍的神机妙算、广联达等造价软件，利用其内部的数据库，可以实现灵活的换算功能，如标准换算、自动换算、类别换算等；还可直接修改人、材、机的单价，软件自动反算人、材、机的工程量；实时汇总工程量清单表、工料分析表、费用表等。其具体步骤如图3-5所示。

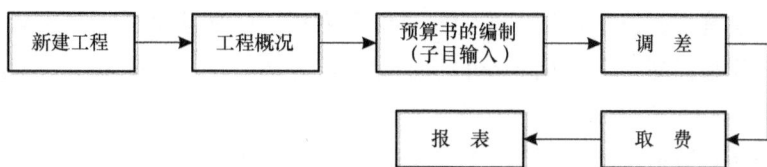

```
┌────────┐    ┌────────┐    ┌────────────┐    ┌────────┐
│ 新建工程 │───▶│ 工程概况 │───▶│ 预算书的编制  │───▶│  调 差  │
└────────┘    └────────┘    │ （子目输入）  │    └────────┘
                            └────────────┘         │
                  ┌────────┐    ┌────────┐         │
                  │  报 表  │◀───│  取 费  │◀────────┘
                  └────────┘    └────────┘
```

图3-5 施工软件模拟步骤

另外，许许多多的房地产项目建筑工程技术软件、电力水利建筑工程技术软件、公路项目工程管理软件、石油化工建筑工程技术软件都在工程的各个阶段得以广泛的应用。

可以说，目前各个工程领域以及各个阶段都离不开各种软件的应用。而这些软件产品都是利用计算机技术开发出来的，要学会使用这些软件，除了掌握基本的专业知识之外，还必须掌握一些计算机的基本原理和操作，因此，必须充分重视计算机基础课程的学习。

图3-6 轻松一刻

②大学英语。大学英语的教学目标是培养学生的英语综合应用能力，特别是听说能力。通过教学使学生在今后的实际工作和社会交往中能用英语有效地进行口头和书面的信息交流，同时培养学生自主学习能力，提高学生综合文化素养，以适应我国社会发展和国际交流的需要（图3-6）。

随着经济全球化的迅速发展和我国"走出去"战略的实施，中国对外承包工程规模日益扩大，市场多元化已经形成，合作领域不断拓宽，按照商务部合作司的统计数据，整个"十一五"计划期间，我国对外工程承包企业的完成营业额的年均增长率达到32.5%，新签合同额的年均增长率也达到了20%，2011～2014年我国对外承包工程业务规模持续增长，2011年首破千亿美元大关。2013年我国对外承包工程业务完成营业额1371.4亿美元，同比增长17.6%，新签合同额在5000万美元以上的项目685个（2012年同期586个），合计1347.8亿美元，占新签合同总额的78.5%。其中上亿美元的项目392个，较上年同期增加63个。截至2013年底，我国对外承包工程业务累计签订合同额11698亿美元，完成营业额7927亿美元。2013年，我国共有55家建设企业入选全球最大250家国际承包商名录，我国已成为名副其实的全球对外承包工程大国。未来的几年，是中国大力发展对外承包工程的重要战略机遇期，随着企业对外承包工程的能力不断增强和外部环境的优化，中国对外承包工程面临着广阔的发展前景。

国际工程合作日益加大的趋势既是机遇，同时又对我国建筑工程技术行业人员的外语交流能力提出了更高的要求。合作的各方必须按照国际规则办事，这就要求我们除了具有熟练的外语听说、阅读和较好的信函、合同书写能力外，还应熟悉和理解国际通用的建筑工程技术专业用语、行业规则、运行方式和法律文本等。

③经济应用数学。数学是一门逻辑性很强的学科。逻辑思维能力是高素质人才应具备的一种重要能力。它通常包括抽象与概括的能力、分析与综合的能力、归纳与演绎的能力。经济数学是高职建筑工程技术相关专业的核心课程之一，也是学生所应掌握又较难掌握的基础课之一，它不仅是提高学生文化素养的基础课，还为学习专业课提供了一项数学工具（图3-7）。

工程实施伴随着诸多风险和不确定性因素，作为一名优秀的建筑工程技术者，必须具有较强的数理分析能力，善于从问题的定性描述逐步过渡到定量的分析和计算，并通过对结果的数理统计推理来检验并说明结论的准确性和可信性，即能够根据实际问题的已知条件，将一个复杂的工程实际问题抽象简化为数学问题，建立数学模型并利用数理统计方法进行参数检验和回归分析。

随着经济社会的发展，国家实施的重大工程越来越多。在这些工程的实施过程中，工程管理者必将遇到更多的技术、资金难题。因此学生必须通过在校期间学好经济数学这门基础课程，掌握基本的数学理论和方法，形成良好的逻辑思维与形象思维能力，才能在今后工程实践中用正确的理论和方法化解面临的问题。

（2）职业技术课程。职业技术课是学生在已掌握一定公共基础课程知识的前提下，为适应专业课程学习的需要而设置的，在整个建筑工程技术专业课程结构中，职业技术课处于承前启后的地位，学好职业技术课有助于提高学生的认知水平和解决问题的能力，从而为从事专业工作提供理论基础和技术准备。

图3-7 经济应用数学教材

对于一些理论性强、概念多、分析较为深入的职业技术课，比如建筑力学、建筑结构设计等课程，同学们普遍反映难度较大，也有同学认为和工作相关性不大，不愿意好好学习。这一类课程的特点是：在理论上，注重运用课程中的基本理论去解释、透析专业现象和问题，引导学生深入学习新理论、新技术，促使学生顺利地踏上专业课学习的轨道；在内容设置上，兼顾后续专业课的需要，大幅度地增加相关专业的知识并有相当的深度和难度。因此，在学习这些课程时，要勤于思考、积极进取、充分开发自身的智力，及时消化课程中出现的新概念，必要时还可以找机会去工程现场获取感性认识，帮助消化学习过程中遇到的问题。

自学能力是指获得新知识的能力。在职业技术课程学习中，要注意对学习方法的掌握。部分学生不注重探索、思考和总结正确的学习方法，不愿意多看书，不善于有效看书，看了书也归纳不了问题，理不出头绪，抓不住关键，找不出内在联系，形成不了整体概念，这些都是缺乏自学能力的表现。学生应该努力形成适合自己的学习方法，在学习过程中能够提纲挈领、明确主次、分清层次、弄清概念，从而准确有效地获得完整的专业基础知识。

职业技术课程的学习过程是学生培养分析能力的重要环节。分析能力是指在正确掌握知识的基础上，运用所学知识，分析、解决实际问题的能力，具备一定分析能力的人，能透过事物的复杂表象，明确事物本质，洞察问题关键，抓住矛盾所在，从而准确迅速地解决问题，掌握知识是为了在实际中运用知识，否则就是死知识。缺乏分析能力，就会在具体复杂的事物面前束手无策，或者分析、判断错误，得出错误结论。分析问题，就是根据事物现象或具体任务，观察或检验问题的表现特征，摸清问题的性质特点，分析事物的可能原因，初步得出解决的几种方案，经过比较判断后确定可行的解决方法，进而着手解决，分析能力的形成有赖于对事物内在的客观规律和观察分析事物有效方法的良好掌握，这需要在学习和工

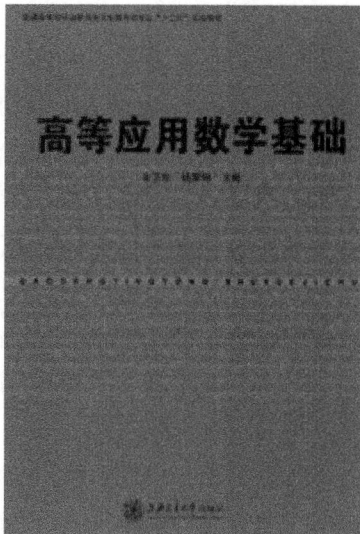

作实践中不断积累。

学习职业技术课是学生用基础理论知识去分析专业现象和问题的初步尝试，是学生强化理论与实践相结合的开端，也是学生由学习者向从业者转化的起点。职业技术课的承上启下作用主要体现为学生将由抽象思维为主向形象思维为主过渡，开始尝试用所学的较为抽象的基础理论知识去观察、思考和理解较具体、形象的专业现象和问题，因此，实践性教学是职业技术课的重要教学环节。要使书本知识真正转化为实际工作能力，即能运用理论知识独立地去分析、解决问题，必须借助实际运用能力的培养训练过程，帮助学生从本质上感知、认识和理解学过的知识，进而形成运用知识去观察、分析和解决工程实际问题的能力。

下面，以建筑工程制图与识图和建筑工程力学课程的学习为例，介绍职业技术课程学习应掌握的一般方法。

①建筑工程制图与识图。建筑工程制图与识图课程任务之一是将三维空间的几何体转化为二维空间的平面图形，即把工程上很难用语言和文字表达清楚的物体（如地面、建筑物等）形状、大小、位置等在平面图纸上用图形表达出来；任务之二是将二维空间的平面图形转化为三维空间的几何体，即第一种情况的逆向过程。学习工程制图等抽象思维能力要求高，实践性、严谨性强的职业技术课程，学生必须注意研究、掌握正确的学习方法，努力提高学习效果。

首先，必须熟练地掌握正投影理论和制图基本知识。工程图是工程界通用的"语言"，而画法几何则是这种"语言"的"语法"。只有理解制图的基本原理和基本步骤，掌握相关制图基本知识，才能正确地绘制和读识各种工程图样，为系统全面地掌握工程制图课程知识奠定基础。

其次，必须掌握读图方法。读图既是本课程的重点又是难点，它是一个十分复杂的思维过程，没有一个固定的模式，但也并非没有任何规律，只要我们充分掌握图形的各种信息，以及各种立体的投影特点，就可以破解各种复杂的图形，做到得心应手，融会贯通。对于空间思维能力比较弱的同学，应深入工程实践，多观察立体模型和实物，熟悉各种立体的结构；同时还要将模型和实物同投影体系联系起来，在头脑中构思立体的形状，从二维的平面想象出三维形体的形状，这是多数初学制图者的一道难关，同学们开始时可以借助于一些模型，加强图物对照的感性认识，但不能过分依赖这种对照实物制图的手法，要下功夫培养空间想象能力及解体能力，逐步减少使用模型，直至可以完全依靠自己的空间想象能力，将二维和三维图形准确地联系起来。

最后，在上述学习过程中必须认真对待每次动手实践的机会，按时、按质、按量完成一系列的绘图、识图作业，这是巩固课堂知识和形成能力的必要环节。工程图纸（机械图纸、化工图纸、建筑图纸等）是施工的根据，图纸上一条线的疏忽或一个数字的差错，都可能造成"差之毫厘，失之千里"的后果，轻者返工重修，导致工期延长，成本增加，重者可能留下难以预料的工程隐患，后果难以设想，学生必须从初学制图开始就严格要求自己，养成认真负责、一丝不苟的工作态度和遵守规范、细致严谨的职业习惯。

②建筑工程力学。建筑工程力学是土木工程专业主要的技术基础课，而且也是学生公认

的一门比较难学的课程。该课程不但要求学生能正确理解基本概念，而且要求学生要学会用所学内容求解各种工程和生活中的各种力学问题。所以该课程要求学生具有较好的经济数学基础。

本课程的要求是研究两类机械运动：一类是研究物体的运动，研究作用在物体上的力和运动之间的关系；另一类是研究物体的变形，研究作用在物体上的力和变形之间的关系。要求学生对两类机械运动（包括平衡）的规律有较系统、全面的了解。掌握相关的基本概念、基本理论和基本方法及应用。另外，结合本课程的学习对学生的逻辑思维能力、抽象化能力、文字和图像表达能力，数字计算能力以及英文科技文献阅读能力等加以培养。

根据以往的教学经验，学生在学习本课程的以下内容时会感觉比较困难：

a.力偶的概念和等效。

b.应用各种类型的平衡条件及平衡方程求解物体系的平衡问题，尤其是临界问题。

c.桁架内力的求解。

d.应力和应变的概念，尤其是各种变形情况下应力和应变的计算及力学含义的理解。

e.复杂载荷下弯矩图和剪力图的求解。

f.弯曲剪应力的计算。

g.组合变形的计算。

h.虚位移的概念和虚位移原理的应用等。

要学好该课程，除了认真听课和复习外，需要做够一定量的习题。只有经过大量的习题练习，才能真正掌握力学的基本概念和求解具体问题的方法。除了课堂上布置的习题外，还可以参阅各种习题解答，从而提高自己解题的能力。所以学生要在课下花费较多的时间和精力。另外，在学习和做作业时，同学间一起讨论是不错的方法。

2. 注重知识融会贯通

建筑工程技术专业是新兴工程技术与管理等学科交叉复合而成的学科，其培养目标是培养适应21世纪国际国内经济建设发展需求，具备工程技术、管理学、经济学及法律知识的应用型、复合型人才。建立在工程技术、管理、经济和法律四个学科平台之上的建筑工程技术专业教学和课程体系，为建筑工程技术行业应用型、复合型人才的培养奠定了基础。然而，目前建筑工程技术专业课程仍存在条块分割现象，知识的融合度不够，如缺乏搅拌和融合的砂、石、水泥和钢筋，未能形成紧密结合、强度倍增的"基石"，就难以达到支撑高楼大厦的技术要求，为此，编者提出"物理搅拌+化学融合"式的学习方法，要求同学们在学习过程中注意将各个不同类别的主干课程要点适当地串联、汇集，将相关知识、技术有机组合，达到知识的融会贯通，学以致用。

（1）知识的物理搅拌。知识的物理搅拌是指打破目前建筑工程技术专业不同课程间存在的泾渭分明和条块分割现象，将各门主干课程内容适度地联系，达到主干课程知识面上的"物理搅拌"。这一过程强调知识表面上的整合，犹如在混凝土物理搅拌过程中，采用破碎强化的方法。借鉴这种方法，通过反复解构和组合课程内容，在学习实践中将所学的知识重新搭接和排列组合，达到深入了解局部、系统把握整体、明确相互联系，从而大幅提升专业学习的效果。以学习工程估价课程为例，估算一幢楼房的造价，依据这幢楼房的工程图纸和相关技术资料，要正确地估算整幢楼房的造价，需要我们将整幢楼房"分解"为基础、主体结构、设备安装等若干部分，其中每一部分再根据需要依次细分，直到形成与工程定额相对应的计算单元，得到若干计算单元的造价后，逐一汇总方可得到整幢楼房的造价。在此过程中，由平面图纸"还原"立体实物、立体实物的合理解构、每一单元的正确估价及工程量的准确计算等环节密切联系，相互影响，缺乏对总体的把握和对局部的深入了解，将难以完成整幢楼房造价的正确估算。显然，在"一幢楼房造价估算"这一过程中，需要有效运用工程制图、工程结构、工程材料、房屋建筑学、工程施工和工程估价等主干课程的知识，只有通过上述知识的"搅拌"，学生才能形成系统、完整的知识结构，形成解决工程实际问题的能力。因此，知识的物理搅拌是我们走向成功的第一步，在我们学习不同课程的过程中，必须有意识地把相关联的知识联系起来，注重其相互"搅拌"，为正确理解、掌握知识以及在更高的层面上进行知识融合做好铺垫。

（2）知识的化学融合。"化学融合"与"物理搅拌"相比，本质的区别在于后者仅仅局限于各个组成部分面上的调整，而化学融合着眼于本质性能的改善和提高，强调通过将各个组成部分有机融合在一起，达到物质性质的改变和提升。

建筑工程技术专业知识的"化学融合式"，旨在将解决某一具体工作的所有相关课程知识有机组合起来，在一个统一的平台下形成专业知识的有机"大杂烩"，改变"一盘散沙"式的无序状态，实现量的积累到质的飞跃，四个平台知识在学生知识体系中发生化学反应并融会贯通，形成知识的有机整体，知识的化学融合可以通过渐进式的学习模式来实现。

以施工组织管理这门课程为例，在时间安排上，先学职业技术课程，掌握工程制图，房屋建筑等技术平台的课程，专业知识的内容由浅入深，由易到难，由局部到整体，由分析到综合，逐步展开。内容设置上，相关知识前后搭接，步步深入，实现从分散到综合的过渡，这个模式是推进化学融合的有效方式。一方面，它根据课程之间的逻辑关系确立彼此的先后顺序，从而让学生在专业知识的获取上由浅入深、由易到难、由简单到复杂、由分散到综合；另一方面，学生在学习过程中，可以保持动态的学习热度和积极性，这种全过程的学习方式易于学生掌握、消化和吸收所学的知识，真正达到学以致用的目的。

通俗地说，所谓的"化学融合"是指学生在学习、应用一门课程的知识和技术方法时，应努力开拓思路，拓展本门课程知识与其他课程知识之间的关系。如在进行建筑工程定额与预算课程学习和实习时，尽管本门课程的要求是算出某一构件、某一施工过程乃至某一建筑产品的成本，但作为学生在完成建筑工程定额与预算课程内容的同时，可以设想：构件制造或施工过程在结构和工艺上是否符合工程技术在强度、功能、安全等方面的要求，有无进一步改进的必要？构件制造的材料选择是否最为经济？施工过程的组织与安排是否最为合理？构件生产和施工过程在经济关系、环境保护等方面是否符合现行建筑法律法规等，为此，不同学科间课程知识在反复的交叉运用中实现融会贯通。只有这样的学习，才是具有创造性的、最有效率的学习。

砂、石、水泥和钢筋虽然各有用途，但只有通过砂、石、水泥加水搅拌后，以钢筋为骨架浇筑成型，硬化成为坚固的整体，才能支撑起一栋栋摩天大楼和一座座通天大桥，建筑工程技术专业教学和学习应该借鉴钢筋混凝土的形成机理，把所学的知识进行"物理搅拌"和"化学融合"，努力把自己培养成能够胜任现代建筑工程技术工作的复合型人才。

六、专业实践

专业实践是大学专业教学计划的一个有机部分，是专业学习的延伸和目的。开展专业实践不仅能够帮助学生更好地理论结合实际，强化专业知识，深入理解教育、教学的目标和策略；而且能极大地发挥学生的主观能动性，培养良好的学习习惯，探索精神和创新能力，通过教学实践中的摸索与探讨，专业教师的协助与指导，学生逐步获得专业认知和实践的能力。

1. 专业见习与现场教学

（1）新生认识实习。

实习地点：中南世纪花城、鑫乾国际、锦安花苑、万达锅炉钢结构厂房。

实习班级：08建工。

实习目的：帮助同学们了解房屋实体与施工图的联系，了解建筑施工技术的技能知识，以及建筑材料和施工工艺的应用。

实习记录：本次实习工地的选择较为全面、合理，兼顾各种建筑类型。其中，结构形式涵盖了砖混结构、框架结构、框架剪力墙结构和钢结构几种，楼型涵盖了板式、点式几种，户型涵盖了花园洋房、别墅、多层、高层几种。

每次外出时，同学们都能准备充分、准时集合，体现出学生良好的基本素质。到达实习地点后，大家都能很自觉地戴上安全帽、系好鞋带，充分表现出同学们的安全意识。在每个实习工地，都特别邀请了现场技术人员为同学们讲解房屋构造和施工技术知识，同时，带队的老师们也发挥教学特长，配合技术管理人员将技术术语转变成同学们易于理解的语言，并引导同学们由点及面地进行发散性思考，很好地激发了同学们的学习热情。

每到达一个工地，同学们都受到了技术专家们的热情接待。在对建筑形式、建筑结构等工程概况进行简单的介绍之后，项目技术人员和指导老师一起带领同学们到施工操作现场参观。因为同学们是第一轮到工地实习，在此之前他们对房屋的三维形象、细部构造以及机械设备等都没有感性认识，所以他们一到工地，就对工地的一砖一瓦表现出了浓厚的兴趣，他们围在指导老师和施工人员的身旁，认真聆听施工人员对房屋分部工程的讲解和对施工工艺的介绍，不少同学在笔记本上快速地记下要点，在遇到疑惑的问题和陌生的机械设备或新型材料时，他们总是积极发问，得到详尽的解说后才开心的到下一地点参观。等到讲解告一段落，同学们纷纷拍照留念，记录下这宝贵的实习经历的点点滴滴（图3-8～图3-11）。

本次实习活动是一次理论与实际的较好结合，不仅使同学们对建筑施工有了一定的感性认识，增长了他们的阅历，同时也加强了老师与企业、在校生和往届校友的联系，而且同学们的好学善思以及敢于吃苦的精神，更是得到了任职企业的一致肯定，树立了我院良好的社会形象，也为学弟学妹们今后顺利就业奠定了一定的基础。

图3-8　现场安全教育

图3-9　介绍工程概况

图3-10　补充基础施工的知识

图3-11　讲解钢结构的构造

（2）深基坑施工现场教学。

教学地点：南通熔盛大厦。

教学时间：2011.4.14。

教学班级：09建工一班。

教学目的：

①制订深基坑土方开挖的施工方案，针对该基坑类型，选择合适的支护形式。

②制订深基坑止水与降水施工方案。

③绘制该工程施工现场基坑支护简图。

④通过查阅相关资料，找出逆筑法施工的具体工程应用。

深基坑施工教学现场如图3-12～图3-19所示。

图3-12 现场教学管理

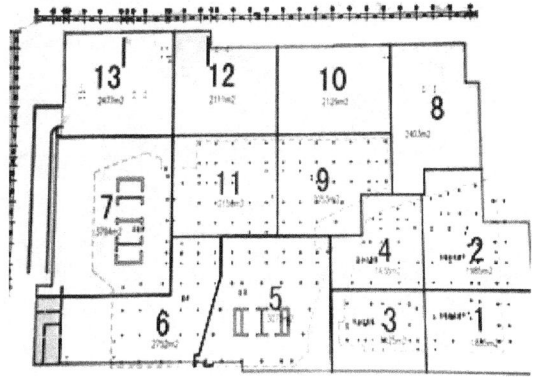

图3-13 土方分区开挖示意图

图3-14 深基坑地下防水施工讲解

图3-15 钻孔灌注桩凿桩现场讨论

图3-16 管井施工（现场土方分区开挖施工）

图3-17 围护结构施工及降水施工

图3-18 基坑现场情况

图3-19 学生分组教学

（3）高层建筑测量技术实践。

实践地点：南通大饭店、熔盛尚海湾、金融汇广场。

实践方式及内容：

①校内测量实训（基础知识及技能训练）。

②岗位实习实训（任务式教学）。

③真实项目演练（实践操作为主，强调灵活运用）。

高层建筑测量技术实践如图3-20～图3-23所示。

（4）高层建筑主体工程施工现场教学。

教学地点：圆融广场、文峰城市广场、南通体育会展中心。

教学目的：

①选择高层建筑模板体系并进行小构件的模板设计计算；进行脚手架的设计计算（含软件验算）；制订模板支架、脚手架的施工技术方案。

②粗钢筋的连接技术。

③大体积混凝土施工温控措施。

图3-20 南通大饭店立体车库工程测量放线任务引领

图3-21 向施工人员学习测量放线注意要点

图3-22 鼓励学生融入企业真实项目

图3-23 企业老师现场指导

④绘制钢结构工厂制作工艺流程图和关键质量控制点及相应措施，解决钢结构现场安装具体技术问题。

⑤设计塔吊的技术参数和拆除安全技术交底。

高层建筑主体工程施工现场教学如图3-24～图3-39所示。

图3-24 集体凝聚力，朝气蓬勃

图3-25 企业指导老师讲解

图3-26 模板工程及塔吊基础

图3-27 粗钢筋加工

图3-28　粗钢筋连接技术——电渣压力焊

图3-29　粗钢筋的直螺纹连接

图3-30　灌注桩钢筋连接区域讲解

图3-31　节能环保材料施工

图3-32　后浇带施工

图3-33　现场降水施工

图3-34 钢筋加工区域

图3-35 加气块砌筑施工

图3-36 模板施工技术

图3-37 轻型井点及脚手架、模板施工技术

图3-38 混凝土搅拌站及现场布置

图3-39 分片式升降脚手架

2. 专业实习

专业实习是高等学校实践性教学计划的重要组成部分，是使学生巩固和加深对理论知识的理解、获得生产实际知识和技能、提高实践能力和创新能力的重要实践教学环节。通过专业实习，学生可以接触实际的一些课题，接触生产与科研项目，从而加深对专业的了解，拓宽知识面，提高分析问题和解决问题的能力，激发学生学习专业课的热情。专业实习也有利于学生了解社会、了解专业发展方向与社会需求，有利于毕业就业的双向选择及未来的学习。

（1）专业实习的地位和作用。专业实习是对建筑工程技术相关专业知识的综合运用，是对分析、解决实际问题能力的锻炼，是把书本知识和实践相结合的重要环节。我专业自办学之初就极其重视与企业、政府部门建立联系，长期以来形成了一批校外实践基地，为学生的校外实践活动提供良好的平台。每年暑假，我专业均积极组织学生参加各项社会实践活动，到企事业单位实地调查、参观，并在此基础上组织学生到实践基地开展专业实习，参与企事业单位的生产和管理，运用所学知识来解决实际问题。专业实习的作用有如下几点：

①通过实习，对建筑施工企业以及其他相关企业会有一个较深刻的了解。

②理论联系实际，巩固和深入理解已学的理论知识（如测量、建筑材料、房屋建筑学、建筑结构、建筑施工等），并为后续课程的学习积累感性知识。

③通过亲身参加实践活动，培养分析问题和解决问题的独立工作能力，为将来参加工作打下基础。

④通过工作和劳动，了解相关的生产技术和技能。

⑤了解目前我国建筑相关专业的实际水平，联系专业培养目标，树立献身社会主义现代化建设、提高我国建筑水平的远大志向。

⑥与工人和基层生产人员密切接触，学习他们的优秀品质和先进事迹。

（2）专业实习的种类。

①认识实习。刚刚进入大学的大部分学生对"工程施工"不甚了解或知之甚少，通过认识实习这一环节，能够帮助学生初步了解施工现场现状和管理过程，形成对工程项目管理活动的初步认识，从而激发学生对本专业的学习兴趣，为后续课程的学习增加施工现场的感性认识。通过认识实习活动，可以锻炼学生观察、理解实际问题的初步能力，培养学生认真、严谨的学习和工作态度。

在认识实习过程中，学生应严格按指导教师的安排，认真听取施工现场安全管理人员的入场教育，做好安全防范措施；主动与工程技术人员和工人师傅沟通，在技术人员或现场指导人员的辅导下熟悉工程概况和工地情况；认真观察工人师傅从事的砌砖、浇筑钢筋混凝土、装修等现场劳动，了解手工操作的基本技能。学生应仔细观察各种现象，认真听取现场介绍并做好现场参观的记录，通过撰写实习报告对参加认识实习的体会、收获进行总结。

②课程实习。作为课程教学内容的重要组成部分，课程实习与课程理论教学相配合而进行。如工程测量实习，在学完工程测量书本上的基本理论知识后，学校在学期末统一组织

学生进行测量实习。工程测量课程实习由5~8人组成小组，通过实际的测量实习，掌握主要测量仪器与工具（水准仪、经纬仪等）的实际操作，学会依据测量数据绘制地形图的基本方法，使所学的相对分散、抽象的测量知识通过综合应用而形成完整、系统的实际能力。同时，通过课程实习还有助于培养学生组织、协调和合作共事的能力。

学生良好完成课程实习任务，需要认真学好相关课程的理论知识，虚心接受实习老师的指导，同时要充分发挥团体合作精神。某些课程实习内容多、时间紧，单靠一个人的力量难以高质量地完成，只有小组的合作和团结才能有效提高实习的效果，按时完成实习任务。

③生产实习。生产实习是教学计划的一个重要组成部分，是应用和检验学生所学理论知识的重要手段，是认识社会、提高实践能力和动手能力、培养学生综合素质的有效方法，是学生进入社会的纽带和桥梁。

例如，通过工程项目管理的生产实习，同学们可以应用学过的专业知识，编制实习工程的施工组织流程，与现场的施工组织流程相比较，找出二者的差异，分析各自的优缺点。另外，还可以深入了解现场施工组织与管理方法，学习施工现场先进的管理经验，为以后的实际工作积累经验。通过生产实习可以较全面地了解国内目前建筑工程技术行业的发展水平，结合自己学过的专业知识，分析、研究建筑工程技术实践中具有一般规律性的现象和问题，形成从事建筑工程技术工作的初步能力。

学生在生产实习中应注意杜绝三种倾向。一是漫不经心、不以为然。部分学生认为所参与的工程实践过程无非是挖土方、砌砖块、拌水泥等简单劳动，与课程知识联系不多，实习价值不大。殊不知再宏大的工程也是由若干看似简单的细小环节构成，正所谓细节决定成败，大量实践表明建筑工程技术行业中项目管理者如果不注重细节，将难以成为合格的从业人员；二是脱离实际、照本宣科。部分学生在实习过程中不注意对工程特定的条件全面、系统地把握和分析，对所参与、观察和了解到的现象机械地与曾经"学过"的课本内容相对照，轻易做出对、错、优、劣的结论。必须认识到课本内容是若干工程实践共性经验的抽象反映，对每一项确定的工程实践并非句句适用、字字有效，理论对实践的指导作用并非一定是某一固定的"说法"，对千差万别的工程实际问题的"规定"。三是浅尝辄止、不求甚解。还有部分学生在实习中接触工程实践后，片面地形成了建筑工程技术只需要实际操作技能的观念，忽略了扎实的理论基础、系统的思维方法和全面的知识结构，而这些是指导实际操作，提高工作效率及水平的根本，缺乏完备的知识结构和良好的理论基础，或许能从事一时、一事的建筑工程技术工作，但很难获得长时间、多领域和高层次的持续发展。正确的学习态度是，注重生产实习中所参与和观察到的每一细节，深入了解其产生、形成、发展的实际背景和客观条件，并结合所学的理论知识和技术方法对其进行认真的归纳、总结和分析，从而逐步提高自身对基础理论、技术方法的正确理解和运用能力。

（3）专业实习的要求。参加专业实习的学生，应在建筑工程技术相关专业实习指导人员的帮助下，参加有关的技术工作和生产工作，在实习中参照指导书的要求全面地完成生产实习工作。实习期间要求做到：

①认真按时完成实习指导人员和指导教师布置的实习和调研工作。

②每天写好实习日记，记录工作情况、心得体会、革新建议等。

③对组织的专业参观、专业报告都要详细记录并加以整理。

④实习结束前写好实习报告，对政治思想和业务收获进行全面总结。

⑤对实习指导人员和指导教师布置的"专题作业"要及时完成并写出报告。

⑥利用业余时间，结合本工地或本地区自选专题进行社会调查，写出报告。

（4）实习学生应注意的事项。

①认真阅读实习大纲和实习指导书，依据实习指导书的内容，明确实习任务。

②实习期间要严格遵守安全操作规程，注意保密工作，成为精神文明的模范。

③实习的好坏很大程度取决于每个学生的实习态度，学生应在短时间内与自己的实习指导人建立起较好的师生关系，工作中要积极主动，遵守纪律，服从实习指导人的工作安排，对重大问题应事先向实习指导人反映，共同协商解决，学生不得擅自处理。

④实习是理论联系实际的重要环节，要虚心向工程技术人员及工人师傅学习。

⑤要参加具体工作以培养实际工作能力。

⑥遵守实习单位的工作和生活制度，不得无故缺勤、迟到早退，实习期间一般不准事假，特殊情况要取得实习指导人和学校的同意，病假要有医院证明。在实习未结束前，不得提前离开实习单位，更不得擅自离开工地外出，在实习期间不得安排与实习无关的参观。

⑦遵守国家法律，尊重当地人民的生活习惯，尊重工地工程技术人员和工人师傅。

⑧生活上要艰苦朴素，不得有任何特殊，要珍惜粮食、工具和材料等，要爱护公物、坚持原则，杜绝不良之风。

⑨安全问题是实习中要注意的首要问题，学校和施工单位都会本着对实习学生高度负责的精神和安全保障的相关规定对学生进行安全教育，提高学生的安全意识、提高自我防护能力，使实习学生在实习时做到"三不伤害"（即实习中不伤害别人、不伤害自己，同时保证自己不被别人伤害）。安全教育对于确保学生的人身安全和实习的正常进行至关重要。为了降低风险，在实习期间学生也可购买商业保险。

3. 毕业实践

通过毕业实践综合运用已学习的专业知识和技能，掌握本专业学生就业相关岗位所需要的识图、结构、施工技术、建筑材料应用与检测、施工组织等方面的知识和能力；掌握与实习及就业岗位要求相关的知识和能力。

毕业实践作为实现培养目标的最后重要环节，是学生综合素质与工程实践能力培养效果的全面检验。学生到工地、事务所等单位实践，一方面深化了学生的工程实践体验，另一方面也为企业创造了一定的经济价值。

近年来，我校与南通四建、通州建总等单位形成了良好的合作关系，为校外实习基地输送毕业生，把学生安排在这类资质和经营业绩良好的企业实践，创造条件让学生多参与工程的实际技术及管理过程，尽快实现上岗实习、"零距离"就业的目的。

良好的毕业实践环境，也带来毕业设计和毕业实践的良性循环。每年都有相当一批学生的毕业设计的选题"从企业中来，到生产中去"，即"真题真做"，结合学生在实习企业的真实工程项目，经过企业导师的指导，独立完成毕业设计。毕业生通过"真题真做"的毕业设计，能够全方位多角度地接触项目实体的建设过程，这种形式大大提高了学生的实践技能，并且通过接受生产一线的真实训练，使毕业生了解到企业的真实需求，以及学会与工程一线技术人员的沟通，在即将跨出校门之际，了解和感受到真实工作环境氛围，在更快地适应社会的同时，也促进了就业。可喜的是，更多的毕业生已经尝到"真题真做"的甜头，2013年"真题真做"的比例已达到60%，初步形成了毕业实习、毕业设计和就业相结合的三位一体的模式，相信不久的将来一定会更加完善，最终达到企业、学生、学院三方共赢的良好局面。

历届学生的毕业实践成果，也为下届的课程授课和课程设计积累了素材，由于有了真实的素材，学生在学习中遇到的问题往往就是工作中的实际问题，在专业教师的指导下，学生能够通过动手、动脑完成课题的任务，极大地锻炼了本专业的"看家"本领。

通过毕业实践，使得毕业生获得了较强的综合素质和动手能力，本专业的毕业生就业率高，用人单位反映良好，在很大程度上得益于我们良好的毕业实践模式。

七、校内实训条件

1. 工程技术实训室

（1）建设目的。该实训室以建筑工程技术实训为主要实训内容，通过对建筑工程技术项目的实训，使学生直接参与各种施工技术的实践，掌握各种施工技术的操作要领、技术要求、注意事项和组织方法，从而准确的编制施工组织计划和项目施工管理方案，合理地确定施工过程的材料使用和施工技术。

（2）支撑课程。建筑工程技术、建筑工程构造设计与建筑施工图识读、建筑工程定额与预算、施工组织与管理、建筑合同管理。

2. 工程构造实训室

（1）建设目的。该实训室集中了各种常见的建筑工程模型，包括：民用房屋建筑模型、单层工业厂房模型、常见的建筑构件模型、结构模型、建筑设备模型、建筑电器模型和单体、组合体模型。通过模型示范，使学生在课堂上，就可以看到与实际相仿的各种实例，首先从感官上解决认知问题，既节省时间，又避免了不必要的安全问题，既方便、真实，效果又好。

（2）实训室主要设备及功能。

①该实训室主要仪器包括大量的、实用价值高的画法几何模型和建筑结构模型。

②提供教学必需的各种模型。

③提供建筑工程类各专业教学必需的各种示教板。

④可完成常见的建筑设备的工作过程演示。

（3）支撑课程。建筑工程制图与识图、计算机辅助设计、建筑工程构造设计与建筑施工图识读、建筑工程技术、安装工程施工图识读。

3. 工程测量实训室

（1）建设目的。该实训室以工程测量和建筑施工放线项目实训为主要内容，通过项目实训，使学生了解工程测量和施工放线在建筑工程项目中的地位和作用；掌握建筑工程测量和施工放线的工作内容、总体功能和要求，测量设备的使用及要求，建筑物定位，抄平，高层传递，轴线投测等施工测量工作的基本程序、质量要求、操作规范和注意问题；提高动手能力，掌握基本技能，强化实际应用能力。

（2）实训室主要设备及功能。

①该实训室主要仪器设备包括水准仪、经纬仪、电子经纬仪、全站仪、水准尺、标杆等。

②可完成常见的测量仪器选型和仪器的工作原理的介绍。

③可完成施工过程的测量工作的全部内容，包括测量仪器安装调试、建筑物定位，抄平，高层传递，轴线投测及施工控制的全过程。

④可完成施工员、质量员岗位上岗资格证取证培训工作。

（3）支撑课程。建筑工程测量技术、建筑工程构造设计与建筑施工图识读、地基与基础、高层施工专项方案设计、测量实践（建工技术）。

通过参观实验实训室，目的是让学生对未来的实验实习学习环境有个大致的了解、认识，激发起学生的学习热情，对未来的学习课程有所印象、感受，以及为未来的学习确定奋斗的目标。

思考题

1. 在专业学习过程中，你可以利用哪些教学资源来帮助你的学习？
2. 谈谈你对校内实训、实习环境的认识，怎样才能更好地利用该环境促进专业知识的学习。

<h1 style="text-align:right">专题四　职业规划</h1>

学习目标

　　通过对本专题的学习，了解职业生涯的内涵，树立正确的就业观，培养职业意识和职业能力，提高求职技能。

学习任务

　　1．明确择业目标，找准职业定位，把握机遇，制定自己的职业生涯规划。
　　2．通过学习与思考，结合对专业的认知，对自己未来发展方向进行初步规划。

一、职业生涯规划

　　职业生涯是在个人的一生中，由于心理、社会、经济、生理及机遇等因素相互作用所形成的工作、职业的变化发展历程。职业的发展是个人发展中一个最主要的方面，它几乎伴随着人的整个一生，并涵盖自我概念、家庭生活以及个人所处的环境、文化氛围等方方面面。

　　因此，"职业生涯"比"工作"有着更为广泛的内涵，包含了个人所选择的工作、职业以及相应的角色承担，同时也涉及了许多非工作或非职业的活动。职业生涯规划就是个人依据职业生涯发展的主客观条件及制约因素，对已经确认的职业起点，结合职业生涯发展的阶段，提出相应的职业生涯发展目标，拟定实现目标的教育、培训和行动方案，并赋予确定的时间期限的动态自我调整、发展过程。

1．主要理论与应用

　　（1）人—职匹配理论。经典的职业生涯理论是人—职匹配理论，以被称为"职业辅导之父"的帕森斯所提出的特质-因素理论和霍兰德的类型论为代表。该理论认为每个个体都有一些稳定的特质，包括能力倾向、兴趣、人格等，而不同的职业也都有一些特定的特性和要求，个人的特质与工作因素越匹配，人就越能够适应工作，并能增加个人的工作满意度、职业稳定性和成就感。

　　（2）职业兴趣理论。霍兰德的职业兴趣理论，其核心假设是人可以分为六大类，即现实型、研究型、社会型、传统型、企业型、艺术型，职业环境也可以分成相应的同样名称的六大类，人格与职业环境的匹配是形成职业满意度、成就感的基础。

（3）生涯理论。除了人—职匹配理论，舒伯所提出的生涯理论从另一个角度为职业生涯辅导提供了重要的理论支持。舒伯在20世纪80年代系统地提出了有关生涯发展的观点，把职业生涯的发展看成是一个持续渐进的过程，由童年时代开始一直伴随个人的一生。这个过程可以划分为五个阶段，每个阶段都有其独特的职责、角色以及不同的发展任务（表4-1）。

表4-1　职业生涯发展阶段

阶段	年龄	特征
成长阶段	出生～14岁	形成自我概念，能力、态度、兴趣、需要形成并发展，对工作开始形成大致的理解
探索阶段	15～24岁	开始在课堂、工作实践中尝试，并有意收集相关的信息，尝试性地开始选择、发展相关的技能
建立阶段	25～44岁	开始通过工作时间接触和获得各种技能
维持阶段	45～64岁	不断调节并在工作中得到发展
衰退阶段	65岁以上	产出开始减少，准备退休

舒伯的理论对于职业指导工作有三方面的重要启示。

第一，个体在生涯发展过程中承担着不同角色，如个人承担着子女、学生、朋友等角色，这些角色之间存在相互作用，这就意味着一个人在一生中，工作、家庭、休闲等因素对个人有着重要的影响，并在个人不同发展阶段具有特定意义，这表明，在职业生涯规划中，应将个人角色、相关外部因素都考虑在职业生涯发展中，而不是孤立地来看待一份"工作"或"职业"。

第二，在个人发展中，探索活动占有极其重要的地位。通过参加相关的探索活动，可以促进个人对自我及环境的认知和了解，帮助其培养适当的兴趣，与他人（良师益友等）接触，这一切都有助于个人职业生涯的发展。

第三，职业生涯发展贯穿一生，是一个全程化的过程，又具有阶段性，也就是说不仅仅是毕业生才需要辅导，个体在大学生活中的不同阶段，都有着不同的生涯发展任务。

2. 职业生涯规划的内容及形式

职业生涯规划的基本框架就是个体根据对自身和职业环境的分析，确立自己的生涯发展目标，并制订相应的工作、发展计划，选择适宜的行动，为实现这一目标而努力。在了解专业的基础上把握本专业所对应的职业群的相关信息，处理好专业学习与职业规划、职业发展的关系。专业是学业门类，职业是工作门类，专业与职业之间的四种关系如表4-2所示。

表4-2　专业与职业的四种关系

特征及图形	基本解释	专业技能重要性	特点	建议
（1）专业包容职业	在专业的领域内发展职业；一生的职业发展基本限制在专业领域内	本专业的专业技能在职业发展中的重要性≥80%	自己选择的职业与所修专业高度一致	学精专业

续表

特征及图形		基本解释	专业技能重要性	特点	建议
（2）专业为核心，职业包容专业		以专业为核心发展职业；一生的职业发展以专业为核心，有较大拓展	本专业的专业技能在职业发展中的重要性≥60%	个人选择的职业与所修专业较为一致，但职业超越专业领域	学好专业，选修与职业发展一致的课程
（3）专业与职业交叉	相交	以专业为基础发展职业；一生的职业发展以专业为基础，有重点地沿着某些方向拓展	本专业的专业技能在职业发展中的重要性≥40%	个人选择的职业与所修专业部分一致，重点掌握某些专业技能的同时，注重其他专业技能的学习	学好专业，辅修其他喜欢的专业
	相切	一生的职业发展与专业基本无关或在专业边缘发展职业	本专业的专业技能在职业发展中的重要性占10%~20%	个人选择的职业与所修专业基本不一致	保证专业合格，辅修其他适合的专业，在可能的情况下可以做专业调整
（4）专业与职业分离		一生的职业发展与专业完全无关	本专业的专业技能在职业发展中的重要性<10%	个人选择的职业与所修专业很不符合	尽量调整专业，若不能，则辅修其他专业

注 ●表示专业，○表示职业。

学生职业生涯设计的主要内容主要包括认识自我、认识职业环境、职业发展决策、动态评估调整。

（1）认识自我。"我是谁？"是哲学的三大命题之一。"我适合做什么工作？"也是学生在生涯发展中最频繁提出的问题和职业定位的结点。根据人—职匹配理论，职业生涯规划首先要对个体进行了解和自我认知，这是职业发展的起点。个体对自己的认识越深入、越清楚，就越能够了解自己的所需所能，从而在纷繁的职业环境中找到适合自己的职业生涯之路。

生涯规划中对自我的认识主要包括四个组成因素：价值观、兴趣、性格和能力。

①价值观。价值观是个体在后天成长过程中与环境不断互动逐渐形成的。价值观一旦形成，便具有较强的稳定性，对人们的行为发生着强有力的内在动力和支配作用。

在个体进行职业生涯策划、进行价值观探索时，有两个重点——价值观的澄清和价值观的引导。

a.价值观的澄清。价值观是个体在成长过程中与环境不断互动而逐渐形成的，因此在职业辅导中最重要的是价值观的澄清过程，而不是价值观本身的内容。辅导员可以通过小组讨论、案例分析、游戏等方法启发和促使学生思考和梳理自己的价值观。

b.价值观的引导。学生正处于职业价值观尚未完全定型的阶段，容易陷入误区，如盲目从众、追求热门而忽视自身的特点。在工作中可以进行有意识的价值观引导。通过班会、讲座、优秀校友座谈、重点地区和企业的参观等形式，帮助学生从更高的角度来看待自己的人生以及个人与国家、社会、他人的关系，树立正确的职业价值观。

②兴趣。兴趣是"人们为了乐趣或享受而做的事情"。兴趣在人的职业活动中有着非常重要的作用，它为个体带来乐趣，提供强有力的内在动力，激发个体的潜能与创造力。一个人从事的是否是自己喜欢的工作，是人们快乐生活的重要源泉。

兴趣测评和自我体察是帮助学生了解、澄清兴趣的两种有效办法。

a.兴趣测评。由霍兰德的职业兴趣理论发展而来的职业自我探索量表（SDS）是被广泛使用的一个职业兴趣测评量表，可以使用该表帮助测量个人的兴趣。职业的分类如图4-1所示。

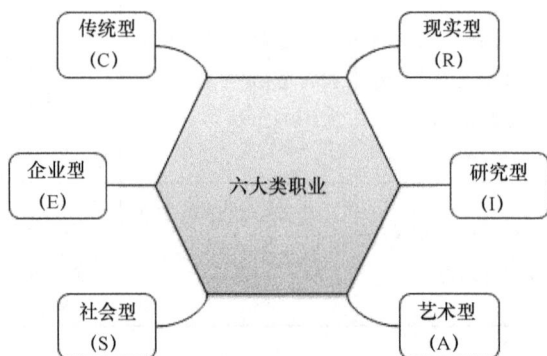

图4-1　霍兰德的职业兴趣理论对职业的分类

霍兰德的职业兴趣理论对职业生涯研究有着重大影响，不仅发展出测评量表，也为人们理解兴趣和职业的关系提供了良好的分析框架。其核心假设是人可以按照人格偏好分为六大类，而职业也可以相应的分为六大类，它们按照固定顺序排成一个六角形。

• 现实型（R型）：有运动、机械操作的能力，喜欢机械、动植物，偏爱工具；对应工程师、机械师、木匠等职业。

• 研究型（I型）：拥有数学和科学能力，喜欢独自工作和解决复杂的问题，偏爱观念；对应科研人员、学者等职业。

• 艺术型（A型）：拥有艺术能力、创造力，喜欢从事原创性的工作，偏爱观念；对应艺术家、读者、摄影师、室内设计师等职业。

• 社会型（S型）：擅长和人相处，热衷于社会关系和帮助他人解决问题，偏爱人；对应社会工作者、教师、咨询员等职业。

• 企业型（E型）：喜欢和人群互动，有影响力、领导力。追求政治和经济上的成就，偏爱人和观念；对应律师、企业经理、政治家等职业。

• 传统型（C型）：喜欢从事资料工作，拥有文书和计算能力，能够听从指示，完成琐碎的工作，偏爱处理文字和数字；对应编辑、计算机程序员、秘书、会计等职业。

根据霍兰德的理论，兴趣与职业的匹配是形成职业满意度、成就感的基础。当人们从事与自己所属类型相同或相近的职业时，就形成一个匹配关系，如R型人喜欢操作性、与工具相关的工作，从事于R型、I型、C型的职业最为匹配，从事A型、E型的职业也可以。但从事S型这样偏重与人打交道的职业可能就难以适应。

霍兰德的这个六角形不仅是理解由其发展而来的SDS测评的基础，也为分析人与职业的匹配提供了一个有效的分类框架，在使用"自我体察"方法的时候，可以应用这个六边形把学生的各种兴趣与职业进行分类匹配，以便于分析和讨论。

b.自我体察。这是一种主观性的兴趣探索方法。可以引导学生完成结构化或非结构化的兴趣清单，并启发学生思考自己的答案。

③性格。性格是指一个人对事物的稳定态度以及与之相适应的习惯化的行为方式，是个体区别于他人的主要特征。人的性格类型与职业之间具有关联性，如外向型的人可能更适合诸如营销这样需要热情、多变、以人为主要工作对象的职业，而内向型的人则可能更适合会计等要求细致、严密、以数据为主要工作对象的职业。

需要说明的是，性格是先天和后天作用共同形成的，一旦形成就有较强的恒久性和稳定性，不易改变，不同性格有不同的特点。对于学生来说，重要的不是去改变自己的性格，而是一方面寻找性格和职业的结合点；另一方面，在对自己的性格不断修正、完善的同时，更要善于在工作中发挥自己性格的特色。

④能力。能力是用人单位感兴趣的部分，常常会以"你能为公司做些什么？"这样的问题表现出来。与职业相联系，可以把能力试分为天赋能力和通用技能两类。

每个人会有不同的天赋能力或"天分"，如数字能力、运动协调能力、音乐能力等。不同的职业对天赋能力的要求是不同的，比如会计工作需要有较强的数字敏感性和计算能力，运动员需要具备运动协调能力。当选择的工作与所具备的"天分"一致时，可以收到事半功倍的效果，反之，再努力勤勉也可能收效甚微。

通用技能更多的是个体通过后天学习而获得的综合的、可迁移的能力，如执行能力、沟通能力、组织管理技能等，这部分能力具备更大的提升空间，并且不同的职业有不同的能力要求，如教师工作者需要有较好的表达能力，管理者需要有较强的组织管理能力、沟通能力等。

兴趣、价值观、性格、能力这四个因素在个体的职业生涯发展过程中发挥着不同的重要作用。可以用一个比喻来帮助学生理解它们的关系，价值观是"导航仪"，是个体生涯发展的核心，不仅是重要的决策因素，还对个体人生发展方向有重大影响。兴趣是"发动机"，发挥着内在动力作用；性格是"稳压器"，保持个体与职业之间的协调、稳定；能力是"燃料"，是"发动机"运转的基础，它使个体在生涯发展中不断向前。

（2）认识职业环境。"我知道我是什么样的人，可是到底什么样的工作才适合我做呢？"这是学生进行了自我探索后，紧接着会提出的问题。下面介绍有关认识职业环境的两个方面的内容：职业环境探索的内容和认识职业环境的方法。

①职业环境探索的内容。一个人所从事的工作由三个维度共同决定：职业、行业和企业。

职业是从业人员从事有偿工作的种类。《中华人民共和国职业分类大典》将职业划分为8大类、66个种类、413个小类、1838个细类。

行业是根据单位所使用加工的原料、所生产的物品或提供的服务不同来表示的社会分工类别。"隔行如隔山"，不同行业在工作对象、工作方式、发展前景、能力需求等方面都有很多不同，即便同一个职业，在不同行业中也会有职责要求、工作特点、收入等方面相当大的差异。

企业是经济活动的基本因子，是学生职业生涯实现的平台，是学生就业工作的具体单位。

②认识职业环境的方法。可以用"读、看、谈、体验"四个词来概括认识职业环境的方法。

"读"：从相关书格、资讯和网络上可以获得大量的职业环境信息。

"看"：企业在校园或社会上所举行的招聘会、企业文化宣讲会、有关职业环境的讲座及其他相关活动，可以提供有关职业环境的各种直接或间接的信息；企业参观、社会实践等直接走入企业的活动更是直接了解企业的有效方式。

"谈"：和他人的交流是信息的重要来源。可以获得较之书籍、网站更为生动、翔实的信息，要鼓励学生主动运用个人的关系网来扩展信息集道。

"体验"：这是职业环境探索过程中最为有效的一个方法，实习、兼职是了解职业的有效办法，在真实企业环境中的体验能够使学生形成更为深入、直接的认识。此外，调查研究也能够帮助学生加深对职业的认识。

（3）职业发展决策。"我到底要找什么工作？我要往哪个方向发展？"这些是学生常常面临的职业发展决策问题。职业发展决策是在正确认识自我和职业环境的基础上做出的。

完美主义是个体在择业过程中最经常出现的观念之一。实际上，就像世界上没有完美的人一样，也没有完美的工作；对于学生来讲，重要的是了解，知道对于自己来说什么是最重要的，并能够把握住它。

此外，一些不合理的思维模式也会常常让个体陷入决策困难。有三种典型的不合理的思维模式。

①绝对化。全或无的思维方式，非黑即白，非此即彼，没有过渡地带，往往出现"应该""必须"等字眼。如"我是成绩好的学生，所以我必须找一份最好的工作"。

②过分概括化。以局部来代表全体，以偏概全。如"所有的好工作都要求英语学得好，我的英语不好，所以我无法找到一份好工作"。

③过分消极。过度扩大消极后果。如"如果不能找到一份好工作，我这辈子就不会有出息了"。

这些观念，不仅会影响学生的职业决策，还可能是学生在职业发展过程中出现焦虑等情绪问题的源头。

良好的职业发展决策，即职业发展路径的选择，是指一个人在确定职业发展目标后选择什么样的路径前行，发展自己的职业生涯，实现目标。制订职业发展决策方案应考虑怎样的方案更好、更适合自己。具体、明确、可执行的职业发展决策方案是实现职业生涯可持续发展的重要保证。

（4）动态评估调整。经过自我评估、职业探索和职业发展决策等一系列的定位过程后，个人积极向职业目标方向前进时，由于外界职业环境或者是自身素质、经历等发生变化、执行效果反馈等因素影响，重新经历自我评估、职业探索等阶段，对自己职业生涯方案不断进行动态评估、修正、调整的过程。职业生涯规划不是一成不变的，始终会随着个人的发展动态变化，因此说它会伴随人们一生。

二、毕业求职

俗话说：编筐编篓，全在收口。同学们在经历了3年的专业学习之后，无论在知识还是在技能方面，都有了一个新的提高，尤其是在职业生涯规划方面，进入了正式的实施阶段。求职是同学们走向社会的第一步，要做好心理上和物质上的准备，积极寻找就业机会。同时也要充分认识到事业成功是一个漫长的过程，就像一场马拉松比赛。开局虽然至关重要，但不足以决定比赛的胜负，开始跑在前面的未必是最后的优胜者，因为比赛需要耐力和毅力。事业也是如此，无论起步是顺利还是坎坷，都要始终保持积极的心态，努力去寻找机会、创造机会，并把握机会、征服机会，让机会为自己服务，坚持到底，一定能赢得事业的成功。

1. 就业环境分析

（1）了解就业形势，树立正确的就业观。2014年全国大学毕业生突破700万，加上初高中毕业后不再继续升学的学生以及大量的城镇下岗失业人员、军队退伍人员，全年需要就业的人员达2400万人左右，而目前只能安排1200万人就业。在未来相当长的时间内，大学生就业压力不会减弱。

随着我国高等教育进入大众化的新阶段，毕业生的就业形势越来越严峻，越来越多的高职高专学生面临着一毕业就失业的危机。究其原因，除受高校扩招、我国就业市场的需求变化等影响外，高职高专院校对学生就业指导工作的明显缺失也是一个重要因素。高职高专毕业生供给相对不足，随着社会经济的发展和产业结构的调整，对高职高专类人才的需求迅速增加，尤其是一些高新技术企业急需一大批专门人才。劳动和社会保障部门公布的一项调查也显示，随着我国社会经济的快速转型，我国高级技术人才严重短缺，企业对高级人才的实际需求要比现有数量高出几倍甚至几十倍，近年来，许多大城市就出现了高级技工奇缺的现象。但是，一些高职高专院校在专业上却仍未能按市场需求设置，办学特色不鲜明，学生适应社会需求的能力差。这就使得学校的人才培养与社会需求不相吻合，一方面，不能保质保量地培养社会急需的人才；另一方面，大量的毕业生不受社会欢迎以致供大于求。

所以，高职毕业生求职时必须务实，就业起点不能定得太高。应调整就业期望值，树立正确的择业观。毕业生择业时期望谋求到理想职业是可以理解的。但要使期望变为现实，就必须认清形势，正确把握就业期望值。高职学生在择业时，要认真考虑所学专业和方向，了解社会对该专业的需求情况，要根据自己的职业兴趣、专业特长、实际能力、性格气质特点、家庭情况等去确定职业期望值。教师要帮助学生树立新的就业观念，要让学生做好健康的求职心理准备。在端正学生的择业观念、教育他们树立新的就业理念的同时，还要让他们立足于展现自己的实力，做好敢冒风险、克服困难的思想准备。非专业对口不选也是一种择业的误区，应该知道，事业的成功并不完全取决于所学的专业，综合素质的高低才是人生成功的关键。

充分发挥高职生既有专业知识，又有实用技术的特点，本着"先做人，后做事"的原则，踏踏实实地干，在工作中不断积累经验，提高自己的专业水平，为以后的发展打好基础。

（2）拓宽就业信息渠道，准确定位自身价值。现在了解就业信息的渠道很多，要学会自己去收集有关的信息，学会自我推销。通过了解市场和推销自己拓宽视野，培养独立思考的能力，树立自信心，学会学习、判断和选择。根据所学专业情况、外在形象、处事能力、性格、爱好等，客观分析一下自己的整体素质、综合能力，给自己一个准确的定位，弄清楚自己该做什么工作、处在什么位置，就可以消除求职盲目性，提高面试的成功率。不要抱怨客观环境，也不要过于依赖学校、家长，能否抓住就业机会，关键还是要靠自己。

同学们要树立竞争上岗的意识，勤学苦练专业技能，并努力追求一专多能，将过硬的技能作为求职成功的敲门砖。珍惜每一次求职机会，做好先就业再发展的心理准备。社会每天都在进步，行业也是不断发展壮大的，会不断地给毕业生提供就业的机会。要对前途、对未来充满信心，要相信社会，热爱行业，与社会、行业共同营造一个和谐的就业环境。

2. 职前准备

（1）制作个人简历。个人简历，就是求职者的简单履历，它浓缩了求职者的经历、学历以及求职所必需的有关信息，要简洁精练，淡化感情成分和主观色彩。

内容包括：姓名、性别、联系方式、个人基本资料、求职目标或意向、受教育情况、职业资格证书、工作实践经历和照片等。

求职目标或意向是指求职者希望的工作岗位、职务名称或所求职务的基本范围。最好写清楚应聘的岗位，实在不知道用人单位的职务空缺情况，可以根据自己的专业特长、兴趣爱好表明求职意向。什么都不写的，很容易被直接筛选掉，用人单位不可能花时间研究你适合什么岗位。

受教育情况的内容包括就读学校、所学专业、主修科目、所获学分（成绩）、特别奖励等。可以列出一些你学习过的重要课程，尤其是与求职岗位相关的课程，以及成绩排名和奖学金情况。

工作实践经历应该成为简历中的亮点和核心，在校期间的实习、兼职、实践，甚至一些课外活动，如协助出版学校刊物、举办活动、展览等内容都可算是工作经验。表达起来要有针对性，重点介绍那些与应聘岗位有直接联系的部分。在求职的最初阶段，求职者和用人单位尚未见面，简历是用人单位选拔人才的主要参考依据，而其中主要工作经历一栏是初次选拔最重要的参考依据，所以要尽量描述得详细、具体，如你的主要职责是什么，成绩如何等。

照片用正规的半身照即可，不能用旅游或其他休闲的生活照，更不能用艺术照。

简历没有固定的格式，可以是表格的形式，也可以是其他形式，可根据自身特点进行适当的版面设计和修饰，但不要太花哨和哗众取宠。版面要自然大方，吸引人而且容易阅读，格式上要错落有致，不要密密麻麻地堆在一起，项目与项目之间应有一定的空位相隔。要条理清楚，重点突出，可采用优质白纸打印，看上去正规且方便复印。

简历力求简洁明了。内容尽量浓缩在两张纸内，并且一定要把重点写在第一页。清楚、完整地把你的经历和取得的成绩表现出来，让招聘人员可以在几分钟内看完，一目了然，并留下深刻印象。

简历内容必须真实可信。诚信乃立身之本，没有一家企业会选择一个没有诚信的应聘者。因此，简历中的相关信息，包括附加性参考材料，如获奖证书、职业资格证书等，务必真实可信。可以大方地展示自己最优秀的一面，用人单位也欢迎自信的员工，但决不允许夸大其词甚至无中生有。

（2）撰写求职信。求职信既是传递求职信息的工具，也是体现个人文字综合水平的平台。求职信与简历既有相同的内容，也有根本的差别。两者都包含自己的个人基本信息，但形式上完全不同，求职信采用的是书信格式。

求职信与自荐信的写作结构完全相同，只是在正文的内容上各有侧重。自荐信除了可以用来求职外，还可以用于在职人员推荐自己从事某一活动，或担任某一职务。求职信相对自荐信而言，求职目标更明确。对用人单位的用人条件和相关要求心中有数，减少了求职的盲目性。

求职信全文包括标题、称谓、正文、结束语和落款五个部分。称谓在标题下一行或两行，顶格写。称谓要准确，若写给单位，最好写全称或规范的简称。如"辽宁省城市建设学校"或"省城建校"；若写给单位领导，要在姓名后加职务。如"尊敬的××校长"。

正文应包括个人的基本情况和用人信息的来源。个人的基本情况包括姓名、性别、年龄、政治面貌、就读学校、专业等，最好将个人基本情况以表格形式打印附在信后。最好附有近期照片，给对方增加直观印象。

表达求职的愿望，阐述你胜任某项工作的基本条件和优势，是求职信的核心部分。主要是向对方说明自己胜任该项工作的理由，包括相关的工作经历、特长、能力和水平等，要突出适合于所求职业的特长和个性，以事实和成绩来恰如其分地介绍自己，不落俗套，起到吸引和打动对方的目的。

特别强调的是求职信必须有针对性。针对不同的用人单位、不同的用人要求，侧重阐明自己在某方面的能力和优势。一封求职信包打天下，展现给所有的用人单位，是对自己的极端不负责任。

结束语有两层意思。一是表示希望对方给予回复，并且热切希望有一个面谈的机会。二是必不可少的礼貌语，如"无论录用与否，我都衷心地祝愿贵单位前程远大"等。要写清楚自己的详细通信地址、邮政编码和联系电话，必要时还应注明何时打电话较合适等。最后的

"此致、敬礼"千万不能漏掉。

落款包括签名和日期，在祝福语下一行靠右边，签名一定要亲笔签（打印稿也要手签），日期在署名后或在署名下一行对齐。

求职信书写要规范，绝对不能出现格式、字词、语法句子等错误。如果你的字很好，最好手写，给人以亲切之感，同时也向用人单位展示了自己的特长，也可以打印。篇幅不宜过长，要重点突出，简明扼要。要表示出明确的意向，实事求是、谦虚诚恳。全文要文字流畅，条理清楚，体现出自己的优秀素质，给用人单位留下良好的第一印象。

求职信的开头非常重要，要力争在几秒钟之内吸引住对方。问候语要简明、亲切，让人感觉直率、干练，不要为了讨好对方，写一大堆夸耀对方的语言，让人感到华而不实。可以用一两句富于新意的话去吸引读者，如一位在外地求学的毕业生在给家乡所在地一家单位写求职信时写道："我的故乡，请接受一名游子对您的问候"，一开始就拉近了与用人单位的距离；或者直接切入主题，比如写"从××得到贵单位招聘人才的信息"，也能使用人单位主管感到单位名声在外，无形中增加求职信的分量。

求职信中字词的选择能折射出一个人做事是否仔细、严谨，要特别注意杜绝错别字。一定要仔细审阅内容，发现错别字及时纠正，但不要在信上涂改，最好重写一份，不要因小失大。也不要使用命令式的语言，以免引起反感。有的毕业生求职心切，在语言上却表达不好，引起用人单位反感。如"本人谨以最诚挚的心情应聘贵单位，盼望获得贵单位的尊重"。似乎在说你不聘用我就是不尊重我，让人难以接受，或"现有多家单位欲聘我，所以请您从速答复我"，单位会认为，既然有别的单位要你，还来我这干什么？这类现象要避免出现。

（3）面试。求职者能否实现求职目标，面试是否成功往往是最关键的一环。有研究表明，在人与人的信息交流形式中，面谈是最有效的，所以面试是其他求职形式永远无法代替的。面试考核的内容包括实际知识、操作能力、应变能力等，其中最关键的是为主考官树立良好的第一印象。面试过程可能仅仅是短短的几分钟，但你展现在主考官面前的综合素质却可能成为决定你命运的关键。

面试前要了解面试单位及岗位的相关信息，如单位的性质、规模、效益、发展前景、应聘岗位职责、待遇、单位主管部门等。如果该单位非常吸引你，就应该去实地考察，具体了解其工作环境、企业文化和企业精神等，进一步增加自己的感性认识。

要预先准备一些可能遇到的问题（掌握技能情况、申请该岗位的理由等），以便理清思路，在面谈时把握主动。如果准备带上能证明自己能力的资料，要预先标出最引人注目的几项。

要熟悉面试地点和交通路线。如果面试地点不在学校，最好能提前"踩点"。以免到时迷路，同时让自己能估算出交通所需的时间，最好能提前十分钟到达，如果迟到，会被用人单位看作不遵守时间、做事缺乏条理。万一迟到，要争取机会，主动道歉并略作解释。

着装要整洁、大方、得体。充分体现出自己朴实、乐观、积极向上，充满自信的优势。

做好面试的心理准备，消除不必要的紧张与恐惧，不要太看重面试的成败，寻找一份理想的工作需要时间和经验的积累，一般都要参加几家单位的面试才能成功。要相信自己有实力胜任这个岗位，满怀信心、从容不迫地去面对主考官。

在等候面试时，要注重等待的细节，即便是超过了预约的时间，也不宜表现出不耐烦的样子，在面试的时候切忌用手机打电话，要事先关机。我们听过太多诸如拾起地上的纸团、把别人视而不见的扫帚放好、当室内没有主人时主动为来访者端上一杯水等通过细节渗透出的素质赢得面试成功的故事。尽管面试中这种打破常规的做法毕竟还是少数，但也很难说不会出现在你的生活中。况且，做好人才可能做好事，不妨为自己假设等待其实也是面试的一部分，追求细节的完美。

如果面试前，你仍然觉得很紧张，可以做几次深呼吸，反复几次会使你心情平静。另外，反复地把拳头握紧、放松，也有助于情绪的安定。手中握着一支笔、钥匙链等小物品也能释放紧张情绪。

面试过程中要表情自然，语气平静。有调查显示：在面谈中，面试官对求职者的了解，语言交流只占了30%的比例，眼神交流和面试者的气质、形象、身体语言占了绝大部分，所以求职者在面试时不仅要注意自己的外表及谈吐，而且要注意避免谈话时做出的很多下意识的小动作和姿态。沟通中要目视对方，既体现对对方的尊重，又能从心理上提高自己与对方平等对话的勇气和信心。如果对方的目光让你感到不自在，你可以望着他的眉毛或鼻尖，尽可能表现得自然。面试主考官一般较欣赏谈吐优雅、表达清晰、逻辑性强的应试者。在整个面试过程中不要紧张，表述要简洁、清晰、自信、幽默，同时注意观察主考官的表情变化，察言观色尽快掌握主考官对哪些方面感兴趣，再根据事先的准备作着重表达。

面试结束时，要表现出良好的素质，彬彬有礼、落落大方。不要因成功的兴奋或失败的恐惧而语无伦次、手足无措。可以自然地表达出你对应聘职位的理解，礼貌而简短向对方表示感谢并再次简短地重申你的愿望：我希望能等来您的好消息！谢谢您！再见！然后从容地离开面试的场所。需要提醒同学们注意的是：与面试官最好以握手的方式道别，离开办公室时，应该把刚才坐的椅子扶正到刚进门时的位置，再次致谢后出门。

面试后最好发一封感谢信给主试人，如果都是差不多的条件，主试人的心里有了倾向性，你的成功概率就明显提高了。

不知道结果时可以打电话咨询，大多数主试人不会反感。如果你的条件只是差那么一点点，说不定主试人会因为不好意思或欣赏你的勇气再给你一次机会，至少你可以成为他下次的首选。

下面列出的是面试中出现频率比较高的一些问题，供同学们参考。

问题一："请你自我介绍一下。"

自我介绍的时候，第一印象非常重要，因此自我介绍一定要精心准备，介绍内容要与个人简历相一致。事先最好以文字的形式写好背熟。要注意突出自己的能力和素质与所应聘职位的相关性，不谈无关的内容。当向招聘人员谈及自己的经历时，要尽可能突出个人的优势和实际能力，但注意不要过分夸张地推销自己。很容易被有经验的招聘人员识破，反而会弄巧成拙。在回答完问题之后不要忘记说一句"谢谢"。所有的招聘者都喜欢有礼貌的求职者。

问题二："谈谈你的家庭情况。"

招聘者是想了解家庭背景对你的塑造和影响，从你的家庭教育背景中判断你的素质。所以可以从温馨和睦的家庭氛围、父母对自己教育的重视、家庭成员的良好状况、家庭成员对自己的支持、自己对家庭的责任感这些方面选择2~3个侧重点，作简单的介绍。

问题三："你有什么业余爱好？"

业余爱好能在一定程度上反映应聘者的性格、观念、心态。因此，最好不要说自己没有业余爱好，当然也不要说庸俗爱好，最好也不要说自己仅限于读书、听音乐、上网等业余爱好，这可能会令招聘者怀疑你性格孤僻、缺乏团队协作意识。可以结合职位特点，说一些与之相关的爱好，最好能有一些户外的业余爱好来"点缀"你的形象。

问题四："说说你的最大的缺点和优势。"

不宜说自己没有缺点，也不宜谦虚地把明显的优点说成缺点，会让人觉得你很虚伪。也不宜说出会严重影响应聘或令人不放心、不舒服的缺点。可以说一些对应聘工作"无关紧要"的缺点，甚至看似缺点而从工作的角度而言却是优点的"缺点"。或从自己的优点说起，中间加一些小缺点，最后再把问题转回到优点上，突出优点的部分。

问题五："你的座右铭是什么？"

座右铭也会在一定程度上反映应聘者的性格、观念、心态，不宜说那些易引起不好联想的座右铭。也不宜说那些太抽象的座右铭或太长的座右铭。座右铭最好能反映出自己的某种优秀品质，如"只为成功找方法，不为失败找借口。"

问题六："你了解公司吗？"

如对公司了解，不妨将吸引你的地方说出来，如果不了解，可以说："我看好贵公司所在的行业，我很热爱这个行业，而且这项工作适合我，我相信自己能够做好。"

问题七："你最不喜欢的课程是什么？"

不宜直接回答"数学""体育"之类的具体课程，如果直接回答还说明了理由，不仅表示你对这个学科不感兴趣，可能还代表将来也会对要完成的某些工作没有兴趣。可以回答：我可能对个别科目不是特别感兴趣，但我会花更多的时间去学习这门课程。通过学习培养兴趣，所以各门课程的成绩较为平衡。招聘者喜欢对任何事情都很感兴趣的求职者。

问题八："你认为你能胜任这项工作吗："

对这个问题的回答最好要体现出应聘者的诚恳、机智、果敢及敬业。如"刚刚走出校门，我在工作经验方面的确会有所欠缺，但我有较强的责任心、适应能力和学习能力，也很勤奋。我曾在实习中圆满地完成了各项工作，从中也有很多收获。请相信，我一定能胜任这项工作。"

问题九："你最崇拜谁？"

不宜说自己谁都不崇拜或者说崇拜自己，也不宜说崇拜一个虚幻的或是不知名的人，更不宜说崇拜一个明显有负面形象的人。所崇拜的人最好与自己所应聘的工作有关系。最好能说出自己所崇拜的人具有哪些品质、哪些思想感染着你、鼓舞着你。

问题十："你还有什么问题吗？"

这个问题看上去可有可无，其实很关键。招聘者希望了解你的个性和创新能力。不要说"没有问题"，也不要问个人福利之类的问题。可以问"公司有什么鼓励青年人求学上进的措施吗？"，或者问"公司有没有什么培训项目，新员工可以参加吗？""公司有什么大的发展计划吗？"体现出你对学习的热情，对公司的关注以及你的上进心。

问题十一："没有工作经验的情况下，你打算怎样适应新的工作？"

回答要突出自己的再学习能力和勤奋进取的优秀素质。如"笨鸟先飞，勤于学习，善于学习……"或"三年高职培养了我的学习能力，我会从简单的东西入手，向领导和同事请教，找资料来充实自己的专业知识，总结每一天、每一件工作给自己带来的心得……"

问题十二："与其他人相比较，你的不足在哪里？"

绝对不要评论别人的缺点，以免被认为以自我为中心、自以为是或者团队精神较差。对别人的信息也没有必要泄露太多，对他人的赞誉往往会给自己营造宽容、容易合作的完美形象。

可以围绕着应聘岗位的要求来回答。如应聘销售、物业等岗位可以答"我的交际圈比我周围的一般人要大一些，从小到大都是如此，我的朋友比较多，信息更灵通一些，但把时间更专注地放到一件事情上不如他们……"

应聘预算、测量等技术岗位可以答"我可能更注重于自己分内的事情，做事认真仔细，但不如其他人信息灵活、爱好广泛……"

三、职场规则

刚刚走上工作岗位的年轻人，面对生疏琐碎的工作，常常不知所措。而陌生的工作氛围、职场规则和复杂的人际关系也令人大为困惑。所以，作为新员工要尽快了解企业和相关的规则，适应自己的工作岗位，实现从校园人到社会人的角色转变，成为一名优秀的员工。新员工需要努力做好以下几项工作：了解企业的文化，尽快学习业务知识，积累经验；养成在预定的时间内完成工作的习惯；服从单位领导的决定等。

对工作岗位的期望值不要太高，作好吃苦耐劳的心理准备，要找到一份收入高又不辛苦的工作是很不现实的，在工作中要有从零做起的心态，放下面子虚心请教，埋头学习，踏实苦干。只有这样，才能逐步适应工作环境，成长为一名优秀的员工。

1. 优秀员工应具备的素质

在踏实的工作中，注重细节很重要。工作不仅要积极肯干，有创意和想法，而且要细心周到，全面考虑问题，切忌忽视小事。"泰山不拒细壤，故能成其高；江海不择细流，故能就其深。"小处见大，细节决定成败。

要敢于迎接挑战，敢于竞争，善于竞争并遵守竞争的规则。当今社会，竞争无处不在，正确面对竞争，是人生中不能回避的现实。要善于发掘自己的潜能、善于学习，学会在竞争中与人合作，与人相处，不断提高自己的职业能力和核心竞争力。其实，有几个志同道合的人，互相激励相互促进，在竞争中发现对手的优点，弥补自己的不足，你的进步会更迅速。

干一行，爱一行，钻一行。工作不应该仅仅是你谋生的手段，还是你实现人生价值的载体，只有发自内心地热爱自己的工作并当作事业来追求，你才能快乐地工作并享受工作，才能全身心地投入工作，才能创造出良好的业绩。当今社会，成功的企业无不重视员工的工作态度，无不拥有敬业的员工队伍，敬业乐业也是一个优秀员工必须具备的良好素质。

要培养主人翁意识和创新意识。不仅要做好自己的事，还要像关心自己的家一样关心你的工作单位，时时考虑企业的利益，处处关注企业的发展。在学习、实践的工作体验中善于总结和创新，不断产生新思路、新做法，提出合理化建议，为企业创造效益的同时，自己也会受益并逐渐成熟起来。

团队合作精神是优秀员工不可缺少的基本素质。同在一个公司工作，虽然分工不同，但大家的工作目标是一致的，每个人的工作都是整体工中的一环，相互之间联系非常紧密，一个人的工作很可能就建立在另一个人的工作基础之上，需要同事的帮助和全体员工的共同努力。援用木桶理论来理解就是：假设员工是组成木桶的木板，最低的木板决定了水桶盛水的高度。因而公司要获得效益和发展，需要全体员工的协同配合，这就是当今社会各个用人单位对员工素质的要求中首选团队精神的原因。团队精神，简单来说就是大局意识、协作精神和服务精神的集中体现。团队精神的基础是尊重员工个人的兴趣和成就，核心是协同合作，最高境界是全体成员的向心力、凝聚力，反映的是个体利益和整体利益的统一，并进而保证组织的高效运转。

要善于作好工作中的总结与反馈，良好的总结与反馈是工作中的加油站，可以保证今后工作的顺畅，有利于个人发展。

要诚实、守信，忠于职守并敢于承担责任。

2. 正确对待"跳槽"

如果感到现在的工作与自己的职业生涯规划不相符，或者制约了你的发展，也可以选择"跳槽"。从一个公司到另一个公司，或从一种工作到另一种工作……只要能找到真正适合自己的岗位，对你的职业发展有利都可以选择。但是"跳槽"必须慎重，还要遵守"跳槽"的规则。不要伤害别人、伤害单位，还要避免出现"这山望着那山高"，盲目地跳来跳去，越跳越不满意，薪金越来越少，甚至成为无业者的悲剧。

经历了求职过程的百般煎熬，终于走上了工作岗位的毕业生，切忌心态浮躁，不要这山望着那山高。平和理性的心态才有利于对事物的把握，从而安下心来，踏实工作。无论你读书期间如何优秀，新工作也是新的开始，一切都要从零做起，在工作中要多听、多干、慎提意见，还必须有积极主动的精神，并将公司的利益放在第一位。当发现什么问题或有什么新的设想时，应在全面了解各方面情况后及时向领导提出来。第一份工作是你职业生涯的开始，千万不能轻视。好高骛远不如脚踏实地。

3. 敬业与乐业

李素丽是北京市21路公共汽车的售票员，1984年加入中国共产党，自从1981年参加工作以来先后荣获"全国优秀售票员""全国建设系统劳动模范""五四奖章""全国三八红旗手""全国职业道德标兵""全国劳动模范"和"全国优秀共产党员"等荣誉称号。她热爱自己的职业，在自己平凡的岗位上默默地做着奉献，用真情架起了一座与乘客相互理解的桥梁，用微笑迎接每一位乘客。虽然，售票员工作单调而且令人疲惫，乘客的争吵、汽车的噪声、路况的拥挤等都会令人对工作感到厌烦，一般人只是把它当成谋生的活计，机械地完成每一天的工作。李素丽却从不这么想，她热爱自己的工作，认真而热心地为乘客服务：老幼病残孕，怕摔怕磕怕碰，李素丽搀上扶下为他们寻找座位；"上班族"急着按时上班，李素丽尽量协调车上的位置，让他们上车；外地乘客容易上错车或坐过站，李素丽及时提醒、为他们报站名……她常常说："辛苦我一个，方便众乘客。"她还要求自己在工作中："多说一句，多看一眼，多帮一把，多走一步；话到、眼到、手到、腿到、情到、神到。"

李素丽把工作当成一种事业来追求，虽然是个普普通通的售票员，她却坚持学习文化知识，认真学习服务行业中的英语对话、学习用哑语与人交流，还涉猎一些心理学、地理环境方面的知识，潜心研究各种乘客心理和需求，有针对性地为不同乘客提供满意周到的服务。她亲切、诚恳、朴实、大方、得体的服务，使平凡的售票工作升华为一种艺术化的服务。李素丽用自己的行动告诉大家，要干一行、爱一行。要把自己的本职工作做到最好。她说："我为我的职业、我的岗位自豪，是它给了我每天都能向他人奉献真情的机会，让我每一天都感到充实"。

"打工皇后"吴士宏没有任何背景，也未受到过正规的高等教育，曾在椿树医院做护士。她获得自学英语大专文凭后，通过外企服务公司进入IBM公司，只是一个沏茶倒水、打扫卫生的小角色，但是她的内心却不甘平庸。她没有轻视自己的工作，而是把工作当成一种事业来做。不仅出色地完成分内之事，她还尽量尝试一些新的工作。有一天，公司急需一名销售人员，她便申请试一试。由于她一贯很好的工作态度，和她申请做销售工作时流露出来的自信，公司接受了她的请求。经过不懈地努力，1997年她成为IBM中国销售渠道总经理。1999年，从IBM跳槽，出任微软（中国）公司总经理。后来她又到TCL集团任要职。

职业是人的使命所在，忠于职守、认真履行本职工作是做人之根本。通俗地说，敬业就是尊重自己的工作，表现为忠于职守、尽职尽责、一丝不苟、善始善终的职业道德。其中包含了使命感和道德责任感。敬业精神是最起码的为人之道，也是任何人成就事业的必要条件。

李素丽和吴士宏都曾经是最平凡的劳动者，她们的工作也非常平凡，在某些人的眼中甚至算不上体面和重要，更谈不上精彩和富有挑战性。她们却从未仅仅把工作当成简单的谋生手段，始终对工作充满了热爱和激情。她们把自己的工作当成一生的事业去追求，不断创新和完善自己。在工作中寻找发展的契机，这就是她们事业成功的秘诀。

一滴水无以成江河，社会发展需要千千万万平凡的劳动者。每个人都是从平凡起步的，我们可以平凡但绝不能平庸。"选择你所爱的，爱你所选择的。"选择了一项工作就要爱岗敬业，全身心地投入。任何人都有可能不得不做一些令人厌烦的工作，即使是很好的工作，总是一成不变也会令人感到枯燥乏味。工作的苦与乐取决于你的看法，高高兴兴要做，愁眉苦脸也要做。要学会热爱自己的工作，即使不太喜欢，也要想办法改变自己热爱它，通过热爱激发热情和创造力，越热爱决心就越大，工作效率越高。也就越容易获得成功。

其实，工作的过程也是一种享受。我们亲手参与建起的高楼、完成的投标书，甚至仅仅是擦干净的一张桌子，都会让自己的内心感到充实和幸福。

4. 善于发现和创造机会

愚者错失机会，智者善抓机会，成功者创造机会。机会更垂青于有准备的人，抓住机会并不是凭借灵感，更需要认真的思考和全面的分析。

（1）自我认知。认真思考自己的性格特点，价值取向，职业目标，兴趣爱好等，甚至包括要想清楚如何平衡事业发展与家庭生活的矛盾。从中发掘自己的优势和长处，认清自己的职业能力和职业潜质。

（2）确定目标。对自己作出全面客观的评估后，就要根据自己的性格特征和兴趣爱好设定一个职业愿景，一定要选择自己感兴趣、能够让自己感到快乐的职业，否则一定做不长久。目标确定后就要发挥自己的特长和优势，弥补自己的缺点和不足，开始向这个方向努力。

（3）采取行动。选修与职业愿景相关的发展方向，并为之做充分的准备，例如积极争取假期实习机会，参加专门俱乐部，发展人脉关系等。目标清晰并朝着目标努力，你会发现在当你想创造属于自己的事业时，你的简历已经很丰富。

（4）实现目标。经验是叠加在素质和兴趣之上的。如果你的自我认知、就业乃至日后的创业，都是根据既定的航线而不偏离，再加上良好的个人素养和创新的意识，成功概率自然大。

5. 注意工作中的总结与反馈

工作中讲究方法和技巧才能迅速进步，工作中出现瓶颈也是很多人都会遇到的，有的人面对现状一筹莫展不知所措，有的人却能很快找到症结，重新焕发活力。在别人看来，他们一定是有诀窍的。但这诀窍是什么呢？大多数不为人知，于是大家就用一些模糊的概念来评价，比如有能力、有才华、聪明等，最后自叹不如。其实，工作中的成绩来源于比别人多用一分心思，多较一次真，在别人不经意之处下功夫，这就是工作中的总结与反馈。

思考题

1. 在你即将就业前，你有哪些方面的工作要准备？
2. 结合自己的专业谈一谈今后从业过程中应该遵守哪些职业道德？
3. 简述建筑工程技术有哪些主要的就业岗位，影响就业选择有哪些主要因素？

参考文献

[1]任宏.建设工程管理概论[M].武汉：武汉理工大学出版社，2008.

[2]高职高专教育土建类专业教学指导委员会工程管理类专业分指导委员会.高等职业教育建筑工程管理专业教学基本要求[M].北京：中国建筑工业出版社，2013.

[3]蒋孙春.高职高专建筑工程管理专业定位及专业建设基本要求[J].高教论坛，2013.

[4]陈翠琼.建筑工程管理专业中高职教育衔接探讨[J].徐州建筑职业技术学院学报，2011.

[5]庄严.工学结合之路的实践与探索[J].今日科苑，2010.

[6]谢志秦.高职建筑工程专业实践教学改革的几点思考——全国职业院校实践教学设计与实训基地管理培训启示[J].西安职业技术学院学报，2012.

[7]丁雪艳.高等职业教育专业基础课教学反思——以建筑工程技术专业为例[J].福建信息技术教育，2011.

[8]赵杰英.基于高职课程项目化模块化的建筑工程管理专业实践教学体系的构建[J].企业家天地（理论版），2011.

[9]郑晓明.对建筑工程管理专业教学计划制定中若干问题的思考[J].职业技术教育，2006.

[10]葛敏敏.职业教育专业基础课程的结构与教学改革[J].上海城市管理，2011.

[11]陈锦平.浅谈建筑工程技术专业课程体系构建的一些思路.商品与质量[J].建筑与发展，2013.

[12]刘涛.高职院校建筑工程专业实践性教学探讨[J].内江职业技术学院学报，2008.

[13]马翠红.浅谈建筑工程技术专业的实践教学[J].世界家苑，2013.

[14]周春.选大学选专业选工作——建筑相关专业[M].北京：化学工业出版社，2009.

附录一　建筑业发展"十二五"规划

序　言

规划范围。根据国务院批准的住房和城乡建设部"三定"规定以及住房城乡建设部"十二五"发展规划编制工作安排，本规划涵盖内容包括工程勘察设计、建筑施工、建设监理、工程造价等行业以及政府对建筑市场、工程质量安全、工程标准定额等方面的监督管理工作。

规划背景。本规划是在我国"十一五"刚刚结束，"十二五"开局之际，针对建筑业制订的发展规划。

规划组织编制。本规划是住房城乡建设事业"十二五"专项规划之一。编制工作由住房城乡建设部建筑市场监管司牵头，会同工程质量安全监管司、标准定额司，共同组织住房城乡建设部政策研究中心、中国建筑业协会、中国勘察设计协会、中国建设监理协会、中国工程建设标准化协会、中国工程建设造价协会等单位，在建筑市场、质量安全、勘察设计、建筑施工、工程监理、工程建设标准化、工程造价管理7个专题规划基础上编制完成。

一、发展现状和面临形势

"十一五"时期，我国国民经济保持了平稳快速发展，固定资产投资规模不断扩大，为建筑业的发展提供了良好的市场环境。

（一）发展成就

1．工程建设成就辉煌

"十一五"期间，建筑业完成了一系列设计理念超前、结构造型复杂、科技含量高、使用要求高、施工难度大、令世界瞩目的重大工程；完成了上百亿平方米的住宅建筑，为改善城乡居民居住条件做出了突出贡献。

2．产业规模创历史新高

2010年，全国具有资质等级的总承包和专业承包建筑业企业完成建筑业总产值95206亿元，全社会建筑业实现增加值26451亿元；全国工程勘察设计企业营业收入9547亿元；全国工程监理企业营业收入1196亿元。"十一五"期间，建筑业增加值年均增长20.6%，全国工程勘察设计企业营业收入年均增长26.5%，全国工程监理企业营业收入年均增长33.7%，均超过"十一五"规划的发展目标。

3．在国民经济中的支柱地位不断加强

"十一五"期间，建筑业增加值占国内生产总值的比重保持在6%左右，2010年达到6.6%。建筑业全社会从业人员达到4000万人以上，成为大量吸纳农村富余劳动力就业、拉动国民经济发展的重要产业，在国民经济中的支柱地位不断加强。

4．国际市场开拓取得新进展

"十一五"期间，建筑企业积极开拓国际市场，对外承包工程营业额年均增长30%以上；2010年对外承包工程完成营业额922亿美元，新签合同额1344亿美元。

5．技术进步和创新成效明显

"十一五"以来，许多大型工程勘察设计企业和建筑施工企业加大科技投入，建立企业技术开发中心和管理体系，重视工程技术标准规范的研究，突出核心技术攻关，设计、建造能力显著提高。超高层大跨度房屋建筑、大型工业设施设计建造与安装、大跨径长距离桥梁建造、高速铁路、大体积混凝土筑坝、钢结构施工、特高压输电等领域技术达到国际领先或先进水平。

6．监管机制逐步健全

"十一五"以来，政府部门出台了建筑市场监管、工程质量安全管理、标准定额管理等一系列规章制度和政策文件，监管机制逐步健全，监管力度逐步加大，工程质量安全形势持续好转。

（二）主要问题

1．行业可持续发展能力不足

建筑业发展很大程度上仍依赖于高速增长的固定资产投资规模，发展模式粗放，工业化、信息化、标准化水平偏低，管理手段落后；建造资源耗费量大，碳排放量突出；多数企业科技研发投入较低，专利和专有技术拥有数量少；高素质的复合型人才缺乏，一线从业人员技术水平不高。

2．市场主体行为不规范

建设单位违反法定建设程序、规避招标、虚假招标、任意压缩工期、恶意压价、不严格执行工程建设强制性标准规范等情况较为普遍；建筑企业出卖、出借资质、围标、串标、转包、违法分包情况依然突出；建设工程各方主体责任不落实，有些施工企业质量安全生产投入不足，施工现场管理混乱，有些监理企业不认真履行法定职责，部分注册人员执业责任落实不到位，工程质量安全事故时有发生。

3．政府监管有待加强

建筑市场、质量安全、标准规范和工程造价等法规制度还不完善，建筑业发展相关政策不配套；监管手段有待改进，监管力度有待进一步加强；诚实守信的行业自律机制尚未形成。

（三）面临形势

"十二五"时期是全面建设小康社会的关键时期，是深化改革开放，加快转变经济发展方式的攻坚时期。随着我国工业化、信息化、城镇化、市场化、国际化深入发展，基本建设规模仍将持续增长，经济全球化继续深入发展，为建筑业"走出去"带来了更多的机遇。"十二五"时期仍然是建筑业发展的重要战略机遇期。

与此同时，建筑业也面临高、大、难、新工程增加，各类业主对设计、建造水平和服务品质的要求不断提高，节能减排外部约束加大，高素质复合型、技能型人才不足，技术工人短缺，国内外建筑市场竞争加剧等严峻挑战。

二、指导思想、基本原则和发展目标

（一）指导思想

以邓小平理论和"三个代表"重要思想为指导，深入贯彻落实科学发展观，以保障工程质量安全为核心，以加快建筑业发展方式转变和产业结构调整为主线，以建筑节能减排为重点，以继续深化建筑业体制机制改革为动力，以完善法规制度和标准体系为着力点，以技术进步和创新为支撑，加大政府监管力度，加强行业发展指导，促进建筑业可持续发展。

（二）基本原则

1. 坚持市场调节与政府监管相结合

在工程建设的全过程遵循市场经济规律，充分发挥市场配置资源的基础作用；加强政府对建筑市场秩序、质量安全的监管，形成统一开放、竞争有序的建筑市场环境。

2. 坚持行业科技进步与规模增长相结合

转变建筑业发展方式，逐步改变建筑业单纯依靠规模扩张的发展模式，注重提高队伍人员素质，提升建筑业的科技、管理、标准化水平，使行业科技进步与产业规模同步发展。

3. 坚持国内与国际两个市场发展相结合

适应国家调整优化投资结构发展需要，引导企业合理调整经营布局和业务结构，拓展国内市场；加快实施"走出去"发展战略，充分发挥工程建设标准的支撑引导作用和工程设计咨询的龙头作用，进一步提高建筑企业的对外工程承包能力，积极开拓国际市场。

4. 坚持节能减排与科技创新相结合

发展绿色建筑，加强工程建设全过程的节能减排，实现低耗、环保、高效生产；大力推进建筑业技术创新、管理创新，推进绿色施工，发展现代工业化生产方式，使节能减排成为建筑业发展新的增长点。

5. 坚持深化改革与稳定发展相结合

继续推进国有大型勘察设计、施工企业的改制重组，建立健全现代企业制度，支持非公有制企业发展；完善工程建设法规制度，健全市场机制，保障建筑从业人员合法权益，促进建筑业稳定发展。

（三）发展目标

至"十二五"期末，努力实现如下目标：

1. 产业规模目标

以完成全社会固定资产投资建设任务为基础，全国建筑业总产值、建筑业增加值年均增长15%以上；全国工程勘察设计企业营业收入年均增长15%以上；全国工程监理、造价咨询、招标代理等工程咨询服务企业营业收入年均增长20%以上；全国建筑企业对外承包工程营业额年均增长20%以上。巩固建筑业支柱产业地位。

2. 人才队伍建设目标

基本实施勘察设计注册工程师执业资格管理制度，健全注册建造师、注册监理工程师、注册造价工程师执业制度。培养造就一批满足工程建设需要的专业技术人才、复合型人才和高技能人才。加强劳务人员培训考核，提高劳务人员技能和标准化意识，施工现场建筑工人持证上岗率达到90%以上。调整优化队伍结构，促进大型企业做强做大，中小企业做专做精，形成一批具有较强国际竞争力的国际型工程公司和工程咨询设计公司。

3. 技术进步目标

在高层建筑、地下工程、高速铁路、公路、水电、核电等重要工程建设领域的勘察设计、施工技术、标准规范达到国际先进水平。加大科技投入，大型骨干工程勘察设计单位的年度科技经费支出占企业年度勘察设计营业收入的比例不低于3%，其他工程勘察设计单位年度科技经费支出占企业年度营业收入的比例不低于1.5%；施工总承包特级企业年度科技经费支出占企业年度营业收入的比例不低于0.5%。特级及一级建筑施工企业，甲级勘察、设计、监理、造价咨询、招标代理等工程咨询服务企业建立和运行内部局域网及管理信息平台。施工总承包特级企业实现施工项目网络实时监控的比例达到60%以上。大型骨干工程设计企业基本建立协同设计、三维设计的设计集成系统，大型骨干勘察企业建立三维地层信息系统。

4. 建筑节能目标

绿色建筑、绿色施工评价体系基本确立；建筑产品施工过程的单位增加值能耗下降10%，C60以上的混凝土用量达到总用量10%，HRB400以上钢筋用量达到总用量45%，钢结构工程比例增加。新建工程的工程设计符合国家建筑节能标准要达到100%，新建工程的建筑施工符合国家建筑节能标准要求；全行业对资源节约型社会的贡献率明显提高。

5. 建筑市场监管目标

建筑市场监管法规进一步完善；市场准入清出、工程招标投标、工程监理、合同管理和工程造价管理等制度基本健全；工程担保、保险制度逐步推行；个人注册执业制度进一步推进；全国建筑市场监管信息系统基本完善；有效的行政执法联动、行业自律、社会监督相结合的建筑市场监管体系基本形成；市场各方主体行为基本规范，建筑市场秩序明显好转。

6. 质量安全监管目标

质量安全法规制度体系进一步完善，工程建设标准体系进一步健全；全国建设工程质量整体水平保持稳中有升，国家重点工程质量达到国际先进水平，工程质量通病治理取得显著进步，建筑工程安全性、耐久性普遍增强；住宅工程质量投诉率逐年下降，住宅品质的满意度大幅度提高；安全生产形势保持稳定好转，有效遏制房屋建筑和市政工程安全较大事故，坚决遏制重大及以上生产安全事故，到2015年，房屋建筑和市政工程生产安全事故死亡人数比2010年下降11%以上。

三、主要任务及政策措施

（一）调整优化产业结构

1. 支持大型企业提高核心竞争力

通过推进政府投资工程组织实施方式的改革，出台有关政策，引导推动有条件的大型设计、施工企业向开发与建造、资本运作与生产经营、设计与施工相结合方向转变；鼓励有条件的大型企业从单一业务领域向多业务领域发展，增强综合竞争实力。

2. 促进中小建筑企业向专、特、精方向发展

通过完善市场准入制度，规范各方主体市场行为，拓宽中小建筑企业发展的市场空间。

通过给予中小建筑企业相应扶持政策，提供融资、信息、政府采购优惠、培训等公共服务，促进中小型建筑企业向专、特、精方向发展，大力发展建筑劳务企业，积极引导建筑周转材料、设备、机具等租赁市场发展。

3. 大力发展专业工程咨询服务

营造有利于工程咨询服务业发展的政策和体制环境，推进工程勘察、设计、监理、造价、招标代理等工程咨询服务企业规模化、品牌化、网络化经营，创新服务产品，提高服务品质，为业主或委托方提供专业化增值服务。

（二）加强技术进步和创新

1. 健全建筑业技术政策体系

建立工程关键技术目录，完善技术成果评价奖励制度，总结、推广先进技术成果，继续加大"建筑业10项新技术"等先进适用技术的推广力度。加快制定推进和鼓励企业技术创新相关政策，完善相关激励机制。

2. 建立完善建筑业技术创新体系

加快建立以企业为主体、市场为导向、产学研相结合的行业技术创新体系。引导企业通过开展战略联盟、战略合作、校企合作、技术转让、技术参股等方式，加大技术研发投入，加快技术改造，形成专利、专有技术、标准规范、工法的技术储备，在工程建设中积极应用先进技术，提高工程科技含量，推进建筑业技术更新与创新。

3. 积极推动建筑工业化

研究和推动结构件、部品、部件、门窗的标准化，丰富标准件的种类、通用性、可置换性，以标准化推动建筑工业化；提高建筑构配件的工业化制造水平，促进结构构件集成化、模块化生产；鼓励建设工程制造、装配技术发展，鼓励有能力的企业在一些适用工程上采用制造、装配方式，进一步提高施工机械化水平；鼓励和推动新建保障性住房和商品住宅菜单式全装修交房。

4. 全面提高行业信息化水平

加强引导，统筹规划，分类指导，重点推进建筑企业管理与核心业务信息化建设和专项信息技术的应用。建立涵盖设计、施工全过程的信息化标准体系，加快关键信息化标准的编制，促进行业信息共享。运用信息技术强化项目过程管理、企业集约化管理、协同工作，提高项目管理、设计、建造、工程咨询服务等方面的信息化技术应用水平，促进行业管理的技术进步。

5. 组织重点领域和关键技术的研究

重点加强对建筑节能、环保、抗震、安全监控、既有建筑改造和智能化等关键技术的研究。推动重大工程、地下工程、超高层钢结构工程和住宅工程关键技术的基础研究。鼓励行业骨干企业建立技术研究机构和试验室，成为国家或地方某工程领域专项技术研发基地。

（三）推进建筑节能减排

1. 严格履行节能减排责任

政府部门要认真履行建筑执行节能标准的监管责任，着力抓好设计、施工阶段执行节能标准的监管和稽查。各类企业应当自觉履行节能减排社会责任，严格执行国家、地方的各项节能减排标准，确保节能减排标准落实到位。

2．鼓励采用先进的节能减排技术和材料

建立有利于建筑业低碳发展的激励机制，鼓励先进成熟的节能减排技术、工艺、工法、产品向工程建设标准、应用转化，降低碳排放量大的建材产品使用，逐步提高高强度、高性能建材使用比例。推动建筑垃圾有效处理和再利用，控制建筑过程噪声、水污染，降低建筑物建造过程对环境的不良影响。开展绿色施工示范工程等节能减排技术集成项目试点，全面建立房屋建筑的绿色标识制度。

（四）强化质量安全监管

1．完善法规制度和标准规范

建立健全施工图审查、质量监督、质量检测、竣工验收备案、质量保修、质量保险、质量评价等工程质量法规制度。研究建立建筑施工企业和项目部负责人带班、隐患排查治理和挂牌督查等安全监管法规制度。逐步形成适应当前经济社会发展、满足工程建设需求的工程质量安全监管和技术管理的法规制度体系。不断完善工程质量、安全生产标准体系。加快技术创新成果向技术标准转化，不断完善建设工程安全性、耐久性以及抗震设防、节能环保的工程建设标准。

2．严格落实质量安全责任

严格落实工程建设各方主体及质量检测、施工图审查等有关机构的质量责任，落实注册执业人员的质量责任，健全责任追究制度，强化工程质量终身责任制。政府主管部门及质量监督机构要加强质量监督队伍建设，切实履行质量监管职责，督促企业认真执行工程质量法规制度。强化政府部门安全生产的监管责任，严格落实安全生产的企业主体责任，加强层级的监督检查，确保建筑施工安全。

3．提高质量安全监管效能

全面推行质量安全巡查制度，逐步建立以质量安全巡查为主要手段、以行政执法为基本特征的工程质量安全监管模式。建立市场与现场联动的监管机制，实行市场监管和质量安全监管部门的联合执法机制。积极推行分类监管和差别化监管，突出对质量安全管理较薄弱项目的监管，突出对重点工程和民生工程的监管，突出对质量安全行为不规范和社会信用较差的责任主体的监管。积极推进工程质量安全监督管理信息系统建设，研究建立工程质量评价指标体系，科学评价工程质量现状及存在问题，增强质量安全监管工作的针对性。

（五）规范建筑市场秩序

1．加快法规建设步伐

出台《建筑市场管理条例》等法规，明确建筑市场各方主体的责任，遏制建设单位违反法定建设程序、任意压缩工期、压低造价等违法违规行为，依法严厉打击承包单位转包、违法分包行为。推进勘察设计注册工程师、注册建造师、注册监理工程师、注册造价工程师等执业制度建设，落实执业责任，确保工程质量安全。

2．进一步健全市场监管制度

进一步完善工程招投标制度，制定招标代理机构及从业人员考核管理办法，推行电子化招投标。加强合同管理，修订出台工程勘察、设计、施工、监理、工程总承包、项目管理服务等标准合同范本，出台施工承包合同监管指导意见。完善企业市场准入标准，强化企业的现场管理能力、质量安全和技术水平等指标考核，修订出台建筑业企业、工程勘察资质标准。进一步完善工程监理制度，修订工程监理规范，开展工程监理项目标准化试点。加强施工许可管理，修订《建筑工程施工许可管理办法》。加强信用体系建设，完善全国统一的企业和注册人员诚信行为标准，健全诚信信息采集、报送、发布、使用制度。积极稳妥推进建设工程担保、保险制度。

3．加大市场动态监管力度

制定全国统一的数据标准，健全企业、注册人员、工程项目数据库，实现互联互通，建立建筑市场综合监管信息系统。对不满足资质标准、存在违法违规行为、发生重大质量安全事故的企业和个人，依法及时实施处罚，直至清出建筑市场。加强建筑市场监管队伍建设，提高监管效能。督促地方有关部门加强对建筑市场的动态监管，定期汇总通报各地监管情况，加强对地方检查执法情况的监督。

（六）提升从业人员素质

1．优化行业人才发展环境

积极引导企业制订人才发展规划，重视对建筑业人才的培养和引进，建立健全人才培养、引进、使用的激励机制，鼓励各类专业技术人才以专利技术和发明或其他科技成果等要素参与分配。充分发挥企业主体作用，组织开展从业人员岗位培训。加强企业与高等学校、职业院校的合作，引导和支持后备人才的培养，鼓励和支持专业培训机构为企业培养经营管理和专业技术人才。

2．加强注册执业人员队伍建设

严格落实注册执业人员的法律责任，增强其执行法律法规、工程建设标准的自觉性，发挥其在控制质量安全、规范市场行为中的独立性及中坚作用。加强注册执业人员法律法规、业务知识、职业操守等方面的继续教育，不断提升执业人员素质和执业水平。

3．加强施工现场专业人员队伍建设

制订发布建筑工程、市政工程等专业工程施工现场专业人员职业标准，明确施工现场专业人员职位要求，加大培训力度，先培训后上岗，提升专业人员职业素质和业务能力。

4．建设稳定的建筑产业骨干工人队伍

建立健全建筑业农民工培训工作长效机制，加强建筑农民工培训工作，构建适应建筑业行业特点和要求的农民工培训体系。充分发挥企业主体作用，组织开展建筑业从业人员岗位培训；重点依托建设类中等职业学校、技工学校、建筑劳务基地，开展职业技能培训；依托建筑工地农民工业余学校，开展安全生产、职业道德、标准规范培训；推进建筑行业职业技能证书、培训证书的持证上岗制度。推行建筑劳务人员实名管理制度，完善农民工工资支付保障制度，落实农民工的工伤保险、医疗保险、意外伤害保险等政策，探索解决农民工养老

保险问题，形成稳定的新型建筑产业骨干工人队伍。

（七）深化企业体制机制改革

1. 推进国有建筑企业改制重组

加强对国有建筑企业改革的指导、协调和服务，引导企业通过产权转让、增资扩股、资产剥离、主辅分离等方式推动改制。全面落实国家有关国有企业改革改制的各项优惠政策，努力创造条件，促进大型建筑企业重组，实现强强联合。推进中小国有建筑企业股份制改革，优化和完善产权结构，增强企业活力。国有工程勘察设计单位基本完成由事业单位改制为企业，建立体现技术要素、管理要素参与分配的企业产权制度。

2. 大力发展非公有制建筑企业

进一步落实国家扶持非公有制经济发展的相关政策，引导非公有制建筑企业创新发展理念，推进企业文化建设，改进经营方式，提高管理水平。将非公有制建筑企业纳入创业带动就业的政策支持体系，给予相应的扶持政策。按照产业化发展、企业化经营、社会化服务的思路，鼓励非公有制建筑企业以投资、建设、运营等方式进入基础设施和重大产业等领域。鼓励集体建筑企业在界定产权的基础上改制为非公有制企业。

（八）加快"走出去"步伐

1. 完善相关政策

会同有关部门共同研究制订《对外承包工程管理条例》配套政策，规范对外承包企业市场行为，推动对外承包工程有关税收、信贷、保险、担保等扶持政策落实。加快中国工程建设标准的翻译，加强和国际标准化组织的交流合作，推动中国工程建设标准国际化进程，为加快对外承包工程发展奠定基础。

2. 加大市场开拓力度

引导企业选择优势领域、重点区域，大力开拓对外承包工程市场，加快工程设计企业"走出去"步伐，形成资金、设计、建造、设备综合优势，带动设备、建材出口。鼓励我国建筑企业以合资、合作或者投资收购等方式，在当地成立企业，有效利用当地资源拓展业务领域。

（九）发挥行业协会作用

充分发挥行业协会组织、服务、沟通、自律作用，支持行业协会加强行业自律机制建设，通过行业自律公约、信用档案、信用评价等措施，大力倡导企业的诚实守信行为准则，形成有效的行业自律机制。鼓励行业协会积极向政府部门反映行业、企业诉求，参与相关法律法规、宏观调控和产业政策的制订，参与有关标准和行业发展规划、行业准入条件的制定。支持行业协会开展培训、科技推广、经验交流、国际合作等活动。引导协会加强自身建设，提高服务质量和工作水平，增强凝聚力，提高社会公信力，使行业协会成为符合时代发展要求的新型社团组织。

附录二　建筑工程技术专业培养方案

（学校专业管理代码：111J03560301）

一、招生对象、学制

高中毕业生、三年。

二、专业培养目标

面向全国施工、监理、建设等企业，针对测量员、施工员、资料员、质检员、安全员、造价员等岗位，培养拥护党的基本路线、掌握建筑工程技术与管理知识和技能的高端技能型人才。毕业生就业初期可胜任建筑工程测量、施工现场施工管理、建筑工程资料管理、现场施工成本核算等岗位，3～5年后可胜任现场施工技术方案实施、施工现场安全及质量管理、建筑工程预决算编制、监理单位现场管理、建设单位现场管理等岗位，10年后可胜任施工企业项目经理、建设单位建筑工程技术等岗位。

1. 岗位专项能力（含知识、素质）要求

①具备测量仪器的操作、检验、校正及施工测量放样的能力。

②具备常用建筑材料及半成品的检查、试验、选用、保管能力。

③具备解决施工实际问题和施工技术方案的实施的能力。

④具备计算机辅助设计（AutoCAD）运用能力。

⑤具备收集、整理、编制、归档及总结建筑工程技术资料的能力。

⑥具备运用造价软件编制投标报价文件和施工合同管理的能力。

⑦具备指导现场施工、编制技术方案的能力。

⑧具备施工现场安全管理的能力。

2. 方法能力（含知识、素质）要求

①具有较强的自学能力。

②具有较强适应环境能力。

③具有对具体问题的分析判断和果断决策能力。

④具有查阅专业技术规范和资料、解决问题和获取新知识的能力。

3. 社会能力（含知识、素质）要求

①树立科学的世界观、人生观和价值观。

②具有较强的人际交往能力和信息沟通、协调能力。

③具有较强的社会生活能力。

④具有积极的人生态度。

⑤具有较强的社会责任感，有团队合作精神，有大局意识。

⑥具有良好的职业道德和敬业精神，具有尽职、敬业的工作自律作风。

三、本专业课程体系设计

本专业课程体系按素质教育和能力训练构建"公共基础课程+职业技术课程"课程

体系。

1. 公共基础课程体系设计

根据我院素质教育的总体目标与本专业的专业特点，本专业公共基础课程含必修课和选修课两类课程。必修课主要指基本涵盖学生适应未来第一工作岗位所需的基本知识和技能，由学院统一安排，包括政治理论教育、入学教育、国防教育、毕业教育与入职准备等全院公共基础课。

选修课以学生适应未来社会生活素质要求为内容安排，我院选修课程分为身心健康类、生活通识与通用技能类、就业与创业类和社科人文类（含公共艺术类）等，每类修读2学分，至少10学分方可毕业。

2. 职业技术课程体系设计

通过专业调研及召开实践专家访谈会，分析提炼出了本专业典型工作任务，并构建与核心职业技术相应的学习领域（核心课程）。

专业岗位（群）工作任务与职业资格分析如附表2-1所示。

附表2-1　职业岗位（群）工作任务与职业资格分析

主要职业岗位（群）	代表性的工作任务	相关职业资格证书
测量员	建筑施工现场放线、标高引测、沉降观测	国家测绘局测量员资格证书
施工员	各分部工程的施工组织与管理 建筑材料的验收 建筑施工安全检查 建筑施工质量控制 建设项目的计划与实施 成本控制	施工员岗位资格证书
安全员	检查安全生产管理制度和安全技术操作规程的执行情况 编制工程安全技术措施计划、实施、检查、落实 编制隐患整改方案，并检查落实 完成安全技术教育工作	安全员岗位资格证书
质检员	参与工程项目的技术交底 参加项目部质量检查 参加工序隐检，负责核定分项工程质量评定 监督、协助材料采购员把好材料质量关	质检员岗位资格证书
资料员	收集与整理材料资料、技术资料、试验资料 施工图纸的接收、管理、登记、标识 收集、整理、编制和移交竣工资料	资料员岗位资格证书
造价员	编制工程的施工图预算、结算 编制投标文件、标书编制和评审合同 参与劳务及分承包合同的评审	全国造价员资格证书

专业典型工作任务与学习领域（课程）如附表2-2所示。

附表2-2　典型工作任务与学习领域（课程）

序号	典型工作任务	核心课程名称/学习领域	支撑核心课程的实训项目
1	建筑工程施工现场放线、标高引测	建筑工程测量技术 建筑工程制图与识图 建筑工程构造设计与施工图识读	测量实践
2	工程技术资料管理	建筑施工技术 工程项目管理软件应用	含在学习领域 工程项目管理软件应用
3	建筑工程施工	建筑施工技术 高层施工专项方案设计	含在学习领域 建筑施工技术岗位实习 毕业实习与设计
4	工程项目的计划与实施	施工组织与管理	含在学习领域 工程项目管理软件应用
5	工程安全施工与管理	建筑安全管理软件与操作实务	含在学习领域
6	工程施工图预算、结算编制	建筑工程定额与预算	钢筋下料实训（建工） 工程造价管理软件应用

以上述学习领域为主体构建的职业技术课程体系见附表2-4专业教学计划表中职业技术课。

四、社会化考试及职业资格证书考核要求

毕业时应取得证书如附表2-3所示。

附表2-3　毕业时应取得证书

序号	考核项目	考核发证部门	等级要求	对接课程名称	考核学期	施教学期
1	英语等级考试	高校英语能力考委	3.5级B级	应用英语	3	1、2
2	计算机应用能力	教育部考试中心	一级	计算机应用	3	2
3	施工员岗位资格考试	江苏省住房和城乡建设厅		建筑施工技术、高层施工专项方案设计等多门课程	5	2、3、4、5
4	工程测量员职业技能考试	国家测绘局	初级	建筑工程测量技术 测量实践	3	3
5	质检员岗位资格考试	江苏省住房和城乡建设厅		建筑施工技术、高层施工专项方案设计等多门课程	5	3、4、5

序号	考核项目	考核发证部门	等级要求	对接课程名称	考核学期	施教学期
6	资料员岗位资格考试	江苏省住房和城乡建设厅		建筑施工技术 工程项目管理软件	5	5
7	全国建设工程造价员资格考试	中国建设工程造价管理协会	初级	建筑工程定额与预算 钢筋下料实训	5	5

注　1. 建议学生必须参加施工员考试。

　　2. 3～7为专业技能证书之选择项，以施工员资格考试为主，至少需取得一种。

五、《建筑工程技术专业》教学计划表

建工系建筑工程技术专业教学计划如附表2-4所示。

附表2-4　建工系建筑工程技术专业教学计划

专业代码：111J03560301　　　招生对象：高中生　　　学制：3年　　　制表日期：2011年5月

课程类型	课程名称	课程代码	总学分	总学时	一	二	三	四	五	六	备注
公共基础课	校园文明素质养成	Q0003	1	24	2/2	2/2	2/2	2/2	2/2	2/2	
	毕业教育与入职准备	Q0004	0.5	12						24/0.5	
	人文素质与社会生活	M0010	2	32		2/3	2/3	2/3	2/2		
	形势政策与人生	M0009	1	32	2/3	2/3	2/3	2/3			
	毛泽东思想与特色理论概论	M0011	4	64			2/12	2/12			
	思想道德修养与法律基础	M0005	3	48	2/8	2/8					
	计算机应用	E4197	3.5	56		5*/12					
	工程应用数学	E1116	4	64	4/16						
	交流与表达	F4012	2.5	40		4/10					
	应用英语	F3005	10	160	6*/12	6*/15					
	体育与生理健康	N0005	3.5	56	2/12	2/16					
	国防教育	N0003	2	110	55/2						
	职业发展与就业创业指导	Q0006	1.5	24	2/4			2/4			
	心理健康教育	Q0005	1	16	2/2	2/2	2/2	2/2			
	入学教育	Q0001	0.5	6	6/1						

课程类型	课程名称	课程代码	总学分	总学时	各学期周学时数/周数						备注
					一	二	三	四	五	六	
职业技术课	建筑施工技术岗位实习	J2015	3	72				24/3			校外实习
	安装工程施工图识读	J3003	2	32				4/8			理实一体
	建筑工程定额与预算	J3005	4	64					8*/8		理实一体
	建筑合同管理	J30**	2.5	40					6*/7		理实一体
	工程造价管理软件应用	J3018	2	48					24/2		校内实训
	工程项目管理软件应用	J3020	2	48					24/2		校内实训
	钢结构工程识图与施工	J2021	3	48				4*/12			理实一体
	高层施工专项方案设计	J2038	4	64				6*/11			理实一体
	施工组织与管理	J2018	5	80				8*/10			理实一体
	钢筋下料实训（建工技术）	J2010	1	24				24/1			校内实训
	建筑结构设计	J1013	5	80			6*/14				理实一体
	计算机辅助设计	J1010	2.5	40			4/10				理实一体
	地基与基础	J2008	3	48			4*/12				理实一体
	测量实践（建工技术）	J2006	1	24			24/1				校内实训
	建筑工程测量技术	J2003	3.5	56			4/14				理实一体
	建筑施工技术	J2011	5	80			6*/14				理实一体
	建筑工程力学	J10**	6.5	104	4*/8	6*/12					理实一体

续表

课程类型	课程名称	课程代码	总学分	总学时	各学期周学时数/周数						备注
					一	二	三	四	五	六	
职业技术课	建筑工程构造设计与建筑施工图识读	J1009	4	64		8*/8					理实一体
	建筑材料与检测	J1007	3	48		4*/12					理实一体
	顶岗实习与毕业设计（建工）	J2042	10	360					24/5	24/10	校外实习
	建筑工程制图与识图	J10**	4.5	72	10/8						理实一体
	职业分析与专业认识实习（建工技术）	J2001	1.5	24	4/6						理实一体
	毕业考核	J0001	2	48						24/2	校内实训

注 1. 本专业学生需要修满130.0学分方可毕业，其中必修课应达到120.0，选修课应达到10.0学分。

2. 本表所列课程为必修课程，总学时为2312学时，占总学时比例93.53%。

3. *号表示该课程为考试课。

六、相关说明

1. 毕业所需学分与学时说明

本专业毕业生所需总学分为130学分，其中必修课为120学分，占总学分92.31%；选修课学分10分，占7.69%。

总学时为2472学时，其中必修课程38门，共2312学时，占总学时93.53%，选修课程160学时，占总学时6.47%；集中实践教学28.5周（746学时），占总学时30.17%。

2. 选修课说明

选修课旨在针对学生所学专业和个人兴趣，完善知识技能结构，培养、发展兴趣特长和潜能。我院选修课分为专业选修课和全院公共选修课。其中，专业选修课大多为专业课程，是掌握专业知识的重要途径，一般只有本专业的学生可以选，本专业设置了两门专业限选课，总学分4学分；全院公共选修课分为身心健康类、生活通识与通用技能类、就业与创业类、公共艺术类和社科人文类共五类，每类修读以2学分为限。选修课修读达到10学分方可毕业。学生所取得的奖励学分可等值转换为选修课学分。

本专业限选课共4学分，见附表2-5。

附表2-5 专业选修课程清单

课程名称	课程代码	课程总学时	学分	建议开课学期
建筑工程经济	JX101	32	2	3
建筑安全管理软件与操作实务	JX201	32	2	4

3．学分奖励说明

①每学年暑假安排两周职业见习活动，可取得学分奖励（按学校有关学分奖励规定执行）。

②其他学分奖励实施办法详见通纺教[2005]10号文件。

七、教学过程安排统计表

1．各学期教学环节时间分配表

各学期教学环节时间分配表如附表2-6所示。

附表2-6 各学期教学环节时间分配表　　　　单位：周

学期	总计	各种教学环节									假期
		课堂教学	考试	课程设计	课程实习	顶岗实习与毕业设计	毕业考核	入学与国防教育	毕业教育与入职准备	机动	
1	24	16	1					2		1	4
2	25	17	1							1	6
3	25	18	1		1					1	4
4	25	13	1	1	3					1	6
5	25	10	1		4	5				1	4
6	14					10	2		0.5	1.5	0
合计	138	74	5	1	8	15	2	2	0.5	6.5	24

2．学时/学分分配表

学时/学分分配表如附表2-7所示。

附表2-7 学时/学分分配表

学年	学期	学时数（必修）	学分数（必修）	各教学环节时间数（周）	集中性安排的实践课	
					周数	其中生产性实践周数
一	1	456	23	20	2	
	2	446	27	19		

续表

学年	学期	学时数（必修）	学分数（必修）	各教学环节时间数（周）	集中性安排的实践课	
					周数	其中生产性实践周数
二	3	382	23	21	1	
	4	386	22	19	4	3
三	5	338	12	21	9	5
	6	304	13	14	12.5	10
合计		2312	120	114	28.5	18

注　校园文明素质养成课程学分计入第六学期。

附录三 职业生涯规划书（例文）

职业规划前言

踏着时光车轮，我已走过20多个春秋。驻足观望，建筑行业竞争日益激烈，形形色色人物竞赴出场，不禁感叹，这世界变化好快。身处建筑世界，作为一名建筑工程技术专业的当代大学生，我不由得考虑起自己的未来，在机遇与挑战共存的社会里，我究竟该扮演如何一个角色呢？不积跬步，无以至千里；不积小流，无以成江海。没有兢兢业业的辛苦付出，哪里来甘甜欢畅的成功喜悦？没有勤勤恳恳的刻苦钻研，哪里来震撼人心的累累硕果？只有付出，才能有收获。未来，掌握在自己手中。

在今天这个人才竞技的时代，职业生涯规划开始成为就业争夺战中的另一重要利器。对于每一个人而言，职业生命是有限的，如果不进行有效的规划，势必会造成时间和精力的浪费。作为当代的大学生，若是一脸茫然地踏入这个竞争激烈的社会，怎能使自己占有一席之地？因此，我为自己拟定一份职业生涯规划。在认清自己现状的基础上，认真规划一下自己的职业生涯。

一、自我认知

自我认知从认识自己开始，首先要问我是谁，我的意义与价值。对自我评价可以从以下四个方面进行，这四个方面包括：自我评价、他人评价、量表测评和综合评价（附图3-1）。

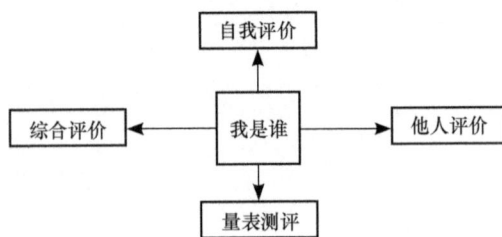

附图3-1 自我认知

（一）自我评价

自我评价结果见附表3-1。

附表3-1 自我评价结果

我的爱好	我喜欢摄影、画画和对一些事物进行设计；平时喜欢听音乐，玩轮滑，也比较喜欢球类运动
我的优势	我有自己的理想和追求；对待各种事情都认真、仔细、踏实；而且我很有责任心，遇到事情善于思考，不慌乱，考虑问题全面；动手能力也可以。友善待人，做事锲而不舍
我的劣势	性格偏内向，胆小，思想上较保守，缺乏自信心和冒险精神。缺乏社会经验，交际能力比较差，不太善于表达，为人处世方面也比较欠缺。做事不能够坚持，遇事无主见
成功经验	比较喜欢独立自主地完成一件事，不管是在学习中还是生活中都在亲身经历中得到知识或技巧
解决劣势	做兼职，增加社会经验，提高自己的表达能力、交际能力，多与人交流，增加对社会的认识来完善自己

（二）他人评价

他人评价结果见附表3-2。

附表3-2　他人评价结果

父母	做事比较认真，有毅力，有上进心
老师	学习认真，并且很努力，关心同学，有较好的纪律性，有责任，能担当；但是缺乏社会经验，语言能力方面需要加强锻炼
同学	性格比较内向，不爱表达，但是对待事情比较认真，有较强的动手能力，喜欢关心同学，做事主动积极

（三）量表测评

1. 气质类型测评

气质类型测评结果显示如附图3-2所示。

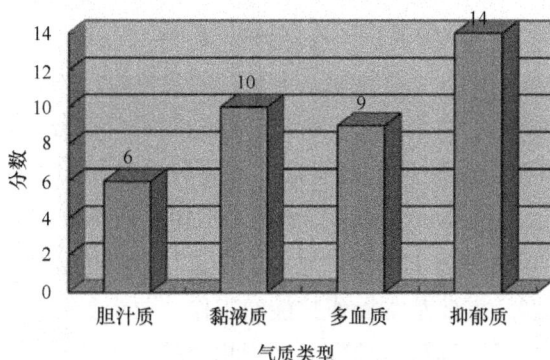

附图3-2　测评结果显示

从得分中可以看出，我的气质类型偏向于抑郁质类型。

抑郁质类型：抑郁质的人神经类型属于弱型，他们体验情绪的方式较少，稳定的情感产生也很慢，但对情感的体验深刻、有力、持久，而且具有高度的情绪易感性。抑郁质的人为人小心谨慎，思考透彻，在困难面前容易优柔寡断。

抑郁质的人一般表现为行为孤僻、不合群、观察细致、非常敏感、腼腆、多愁善感、行动迟缓、优柔寡断，具有明显的内倾性。

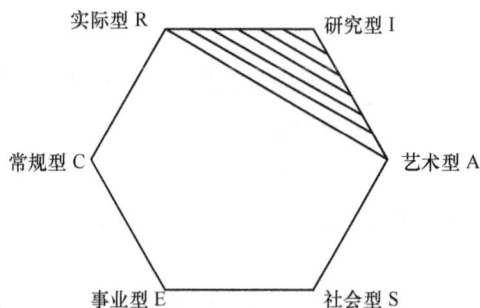

附图3-3　霍兰德职业倾向测评结构

抑郁质类型的人是职业多面手、专长多、能力强，精于调整、调和各类关系，有经营管理、分析设计和规划能力，会推销商品。适于经济规划、统计、设计、商业推销、节目主持、相声演员等。

2. 霍兰德职业倾向测评

霍兰德职业倾向测评结构如附图3-3所示。

霍兰德职业倾向测评结果如附图3-4所示。

从得分可以看出，我比较偏向于实际型、

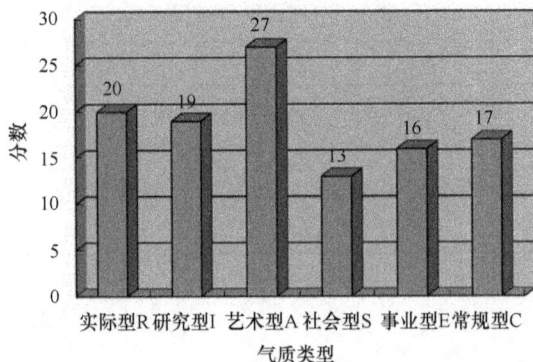

附图3-4　霍兰德职业倾向测评结果

研究型和艺术型三个类型。对于这三种类型的专业分析如下。

（1）研究型（I型）：喜欢智力活动和抽象推理，偏重分析与内省，自主独立，敏感，好奇心强烈，慎重。喜欢智力的、抽象的、分析的、独立的定向任务，要求具备智力或分析才能，并将其用于观察、估测、衡量、形成理论、最终解决问题的工作，并具备相应的能力。如科学研究人员、教师、工程师、电脑编程人员、医生、系统分析员。

（2）艺术型（A型）：属于理想主义者，想象力丰富，独创的思维方式，直觉强烈，感情丰富。喜欢使用工具、机器，需要基本操作技能的工作。要求具备机械方面才能、体力，或从事与物件、机器、工具、运动器材、植物、动物相关的职业有兴趣，并具备相应能力。如技术性职业（计算机硬件人员、摄影师、制图员、机械装配工），技能性职业（木匠、厨师、技工、修理工、农民、一般劳动）。

（3）现实型（R型）：偏重物质，追求实际效果，喜欢动手及操作类的工作，个性平和稳重。喜欢使用工具、机器，需要基本操作技能的工作。要求具备机械方面才能、体力，或从事与物件、机器、工具、运动器材、植物、动物相关的职业有兴趣，并具备相应能力。如技术性职业（计算机硬件人员、摄影师、制图员、机械装配工），技能性职业（木匠、厨师、技工、修理工、农民、一般劳动）。

综合以上三种类型的分析，可以得出RIA型的人所适合的职业：牙科技术员、建筑设计员、模型工、细木工。

（四）综合评价

我的职业目标是当一名建造工程师，通过气质类型测评的结果分析和霍兰德职业倾向测评的结果分析来看，我适合做一名建造工程师，这与我的职业目标相符合。

二、职业认知

（一）我现在所学的专业是建筑工程技术专业，属于建筑行业

1．建筑行业近几年的发展情况

（1）工程建设成就辉煌。建筑业完成了一系列设计理念超前、结构造型复杂、科技含量高、使用要求高、施工难度大、令世界瞩目的重大工程；完成了上百亿平方米的住宅建

筑，为改善城乡居民居住条件做出了突出贡献。

（2）产业规模创历史新高。2010年，全国具有资质等级的总承包和专业承包建筑业企业完成建筑业总产值95206亿元，全社会建筑业实现增加值26451亿元；全国工程勘察设计企业营业收入9547亿元；全国工程监理企业营业收入1196亿元。"十一五"期间，建筑业增加值年均增长20.6%，全国工程勘察设计企业营业收入年均增长26.5%，全国工程监理企业营业收入年均增长33.7%，均超过"十一五"规划的发展目标。

（3）在国民经济中的支柱地位不断加强。建筑业增加值占国内生产总值的比重保持6%左右，2010年达到6.6%。建筑业全社会从业人员达到4000万人以上，成为大量吸纳农村富余劳动力就业、拉动国民经济发展的重要产业，在国民经济中的支柱地位不断加强。

（4）集体、民营建筑经济的崛起。建筑业的集体经济，经过多年的发展壮大，无论在容纳劳动就业、在完成建筑总产值，还是在创造经济效益方面，均在行业中占据了重要地位，发挥了巨大的作用。

（5）国际市场开拓取得新进展。建筑企业积极开拓国际市场，对外承包工程营业额年均增30%以上；2010年对外承包工程完成营业额922亿美元，新签合同额1344亿美元。

（6）技术进步和创新成效明显。许多大型工程勘察设计企业和建筑施工企业加大科技投入，建立企业技术开发中心和管理体系，重视工程技术标准规范的研究，突出核心技术攻关，设计、建造能力显著提高。超高层大跨度房屋建筑、大型工业设施设计建造与安装、大跨径长距离桥梁建造、高速铁路、大体积混凝土筑坝、钢结构施工、特高压输电等领域技术达到国际领先或先进水平。

（7）监管机制逐步健全。政府部门出台了建筑市场监管、工程质量安全管理、标准定额管理等一系列规章制度和政策文件，监管机制逐步健全，监管力度逐步加大，工程质量安全形势持续好转。

2．建筑行业近几年的发展存在的问题

（1）行业可持续发展能力不足。建筑业发展很大程度上仍依赖于高速增长的固定资产投资规模，发展模式粗放，工业化、信息化、标准化水平偏低，管理手段落后；建造资源耗费量大，碳排放量突出；多数企业科技研发投入较低，专利和专有技术拥有数量少；高素质的复合型人才缺乏，一线从业人员技术水平不高。

（2）市场主体行为不规范。建设单位违反法定建设程序、规避招标、虚假招标、任意压缩工期、恶意压价、不严格执行工程建设强制性标准规范等情况较为普遍；建筑企业出卖、出借资质，围标、串标、转包、违法分包情况依然突出；建设工程各方主体责任不落实，有些施工企业质量安全生产投入不足，施工现场管理混乱，有些监理企业不认真履行法定职责，部分注册人员执业责任落实不到位，工程质量安全事故时有发生。

（3）建筑业人才匮乏。目前，在我国建筑业从业人员3400多万中有2300多万是农民工，大专以上学历的仅占3%。加之，近年来企业效益大多不理想，人才外流严重，庸才增多。

（4）技术开发资金投入少。我国企业用于技术研究与开发的投资仅占销售额的0.3%～0.5%，技术开发资金投入少。发达国家一般占5%～9%，有的超过10%，一般企业也达3%。

（5）制度上尚未形成良性创新机制。以技术创新为例，我国建筑业的技术贡献率仅为25%～35%，而发达国家为70%～80%；国家每年专利授权6万余件，但形成生产能力的仅1万多件，大约有80%的专利技术被闲置。这主要是由于目前技术创新人才主要集中在大学和政府机构里，企业虽说是创新主体，但却缺乏一流技术创新人才。长期以来，没有有效机制解决科研和生产"两层皮"的问题，导致社会智力、物力等资源的大量浪费。

（6）我国企业与国外企业之间存在的巨大差距。我国建筑业当前的发展现状和未来发展趋势还是在资产规模上，企业与国外企业相比竞争力都很弱，这与建筑市场国际化趋势很不适应。我国建筑企业尚未形成规模经济，走出低利润率的境况。故与国外建筑企业相比，我国公司无论在资产规模、营业收入、劳动生产率，还是获利能力方面都存在巨大差距。

（7）政府监管有待加强。建筑市场、质量安全、标准规范和工程造价等法规制度还不完善，政府监管有待加强；建筑业发展相关政策不配套；监管手段有待改进，监管力度有待进一步加强；诚实守信的行业自律机制尚未形成。

3．建筑行业未来发展趋势（附表3-3）

附表3-3 建筑行业未来发展趋势

发展趋势	解释
全球化和地域化	全球化趋势一方面使我们了解和学到发达国家先进的新技术、新材料、新工艺，从而提高我们建筑设计、施工和管理水平；另一方面也对我们民族传统文化和本土建筑有极大冲击，使一些地方的建筑失去民族和地域特色。但全球化的浪潮是不可能使它们完全消失的。特别是中国本土建筑有许多具有很高科技和艺术价值的东西
大型化和多元化	随着人地矛盾加剧、土地资源稀缺；社会生产、生活对大型建筑的需求；加之建筑科技的进步，人们建造出体量巨大、结构复杂、功能多样、设备齐全的建筑来。这是建筑发展的一个重要趋势。同时，建筑形式、风格、艺术倾向也日益多元化。这对改变我国城市不良形象有重大作用
工业化和自动化	我国当前建筑业的总的技术状况是处在工业化过程中。与此同时，前工业社会的手工作业、粗放经营与信息社会的少数高新技术应用同时并存
高强化和优质化	新材料的品种以每年5%的速度增加。20世纪末我国建材发展很快，但与世界先进水平相比仍很落后。由于实现下一步战略目标的需要，我国建设仍将大规模地进行，建筑材料也将会因此继续得到发展
生态化和节能化	"可持续发展""生态城市""生态建筑"或"绿色建筑"的呼声一浪高过一浪。它们是中国建筑未来发展的主要趋势。这关系到建筑业转变增长方式、转变发展模式，涉及建筑业可持续发展，由建筑业来影响到整个国家，就是说绿色建筑甚至关系到整个国民经济的可持续发展，所以是每一个企业、行业不可回避的大问题
智能化	由于计算机技术、通信技术、微电子技术、多媒体技术、交互式网络技术、自动化技术、新材料技术等向建筑领域迅速渗透和扩散。智能化大厦群、智能街区、智能化城市的规划和建设也陆续出现。我们认为智能建筑迅速崛起，标志建筑跨入一个新时代，建筑智能化在时间上是一个逐步发展完善的过程；在空间上应分为不同层次，不应只是一个模式；智能建筑也必然是一个高质量的、可持续发展的生态建筑或绿色建筑。建筑智能化是一个不可逆转的趋势

通过上述对当前和以后建筑行业的分析中可以得出：建筑业产业关联度高、就业容量大，是国民经济的重要生产部门。建筑业是国民经济的支柱产业，在全面建设小康社会中肩负着重要的历史使命。建筑行业以后还会有持续发展的势头，就目前来看，建筑行业最缺的就是建筑方面的人才，所以建筑行业是一个前景非常好的行业。随着社会的不断进步，科技的不断创新，建筑对于人们来说也将有更高的要求。所以，建筑行业也会不断发展自己，壮大自己，利用当前的政策形势，经济实力和技术强度来完成更高的技术方面的适合当前发展的建筑物。

（二）行业要求

1．建筑行业对从业人员的技术要求

（1）注册执业人员（造价工程师、监理工程师、建造师）。参加全国统一执业考试并注册。

（2）专业技术人员。取得法定培训机构培训合格证明。

（3）操作工人。要通过职业技能鉴定。

2．建筑行业对从业人员的素质要求

（1）身体素质好。此工作大都是强体力劳动，从业者必须是年轻力壮、没有疾病的人。凡患有高血压、心脏病、贫血、癫痫等症的人不宜从事建筑工作。

（2）安全第一的意识。这是由建筑业的特点所决定的，因为在施工过程中，经常会有高空作业。工地上到处是钢筋水泥、砖头瓦块，稍有不慎就可能发生意外，任何粗心大意都可能威胁到生命安全。因此，在建筑工地工作，必须严格遵守工地施工的安全要求，遵守安全操作规范。牢牢树立安全第一的意识。

（3）知识与能力。劳动者应具备初中的物理、化学、代数、几何知识，掌握建筑工艺中的一种或几种技能，熟悉有关建筑质量标准、质量管理等知识，了解建筑的一般过程，懂得灭火、安全用电和急救常识等。

三、职业规划目标和实现途径

职业规划目标和实现途径如附图3-5所示。

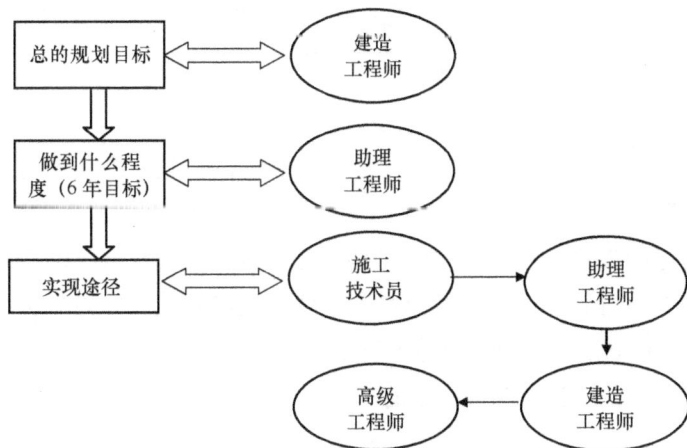

附图3-5 职业规划目标和实现途径

四、行动计划与策略

职业规划实现行动计划如附表3-4所示。

附表3-4　职业规划实现行动计划

在校期间	大一	上学期	（1）融入大学生活 （2）学习基础课程 （3）认识、了解自己的各个方面（包括性格、兴趣爱好、为人处世等）
		下学期	（1）学习职业技术课程 （2）了解基本的有关专业的知识 （3）计算机一级考试 （4）英语3.5考试
	大二	上学期	（1）学习专业课程 （2）考施工员、质检员、安全员等相关证件 （3）英语四级考试
		下学期	（1）职业定位，有目的、更深层次的学习 （2）制订职业体验计划。通过短期的职业体验，对这个行业和相关的职位进一步分析和了解 （3）熟悉建筑行业所要求的职业技能和职业素质
	大三	上学期	（1）去工地顶岗实习，最大尺度地了解建筑行业 （2）实施职业体验计划，认识和了解用人单位对职业人的职业核心竞争力
		下学期	（1）整理毕业论文，拿到毕业证 （2）做好择业面试准备
毕业后三年	第一年		（1）参加工作，增长工作经验 （2）评技术员职称
	第二年		通过一年的工作，考取二级建造师
	第三年		通过自己的努力，争取评上助理工程师

五、结语

以上就是我对自己的职业规划，我会按照自己制订的计划不断的努力，我相信不久的将来一定会有好的成绩。

每个人都有自己的理想，理想的实现还是要靠自己努力去完成，不管理想有多美好，如果没有辛勤的汗水是不可能实现的。美丽的花朵背后是风霜雨露，参天大树的下面是纵横交错的根系，成功人士的背后是辛勤的汗水和多少个不眠夜。

一分耕耘，一分收获。我，期待收获的季节。

×××

××××年××月

附录四　建筑工程技术专业认知度调查

亲爱的新生，你们好！

告别了难忘的中学岁月，欢迎大家来到江苏工程职业技术学院建工学院，在这里将开始新的一段人生旅程，你做好准备了吗？让我们协助你踏上这段新的征程吧。为此，我们设计此份问卷，了解你们的大学动态，更好地做好相关工作。

Q1. 你所学专业是你报的第几志愿？（　　）（选择1、2、3的同学请续答Q2）

　　1. 第一　　　2. 第二或第三　　　3. 第四或第五　　　4. 服从调剂

Q2. 你当初选择此专业的理由是（　　）。

　　1. 符合个人理想兴趣　　　2. 好找工作　　　3. 父母的意见

　　4. 高考分数的限制　　　5. 他人推荐

Q3. 报考前你对自己所学专业的了解程度？（　　）

　　1. 很了解　　2. 了解　　3. 一般　　4. 不了解　　5. 很不了解

Q4. 你报考该专业的主要信息来源是（　　）。

　　1. 网络或新闻媒体　　2. 父母或师长　　3. 朋友或同学　　4. 凭自己感觉

　　5. 其他_____

Q5. 认为确定大学学习专业的最佳方式是（　　）。

　　1. 按照各省招生考试报上公布的招生专业目录明确填报

　　2. 按照专业大类（如机械类、电子类、土木类等）进行志愿填报，经1年学习后，在该专业平台上再进一步选择专业

　　3. 按照文、理大类填报志愿，经1年学习后，在该专业平台上再进一步选择专业

　　4. 其他_____

Q6. 你对自身兴趣的综合评价是

	很高	高	不清楚	低	很低
报考前对自身兴趣的把握程度	1	2	3	4	5
刚入学对所学专业的满意度	1	2	3	4	5
经过两三年学习对本专业热爱度	1	2	3	4	5

Q7. 你认为本专业的培养目标应该是（　　）。

　　1. 理论研究型　　　2. 技能应用型　　　3. 复合应用型　　　4. 其他_____

Q8. 你认为本专业教学实践环节中对实践能力培养最重要的是（　　）。

　　1. 毕业实习　　　2. 社会实践　　　3. 模拟实习

　　4. 学年论文　　　5. 其他

Q9. 认为本专业学生重要的五项素质是（　　）。

　　1. 品德修养　　　2. 专业知识　　　3. 社会责任感　　　4. 专业技能

　　5. 创新能力　　　6. 实际工作能力　　　7. 学习能力　　　8. 外语应用能力

9. 计算机应用水平

Q10. 认为本专业教育中存在的五个突出问题是（　　）。

1. 培养目标定位不准确　　　2. 忽视个性培养　　　3. 教学设施不能满足需要

4. 图书资料不能满足需要　　5. 教师数量不足　　　6. 教学质量不高

7. 教学方法单一　　　　　　8. 教学内容陈旧　　　9. 教学管理水平差

10. 实践环节薄弱　　　　　　11. 缺乏案例教学　　　12. 选修课数量不足

Q11. 你对本专业课程老师的整体评价是

	很好	较好	一般	较差	很差
学术水平	1	2	3	4	5
知识结构	1	2	3	4	5
敬业精神	1	2	3	4	5
教学方法	1	2	3	4	5
教学质量	1	2	3	4	5

Q12. 你对课程设置满意度的综合评价是

	很高	高	一般	低	很低	不清楚
课程体系和教学内容设计的合理程度	1	2	3	4	5	6
所学课程对掌握专业知识和技能帮助度	1	2	3	4	5	6
经过两三年学习，实践能力提高程度	1	2	3	4	5	6
专业培养目标和规格与社会需求相符度	1	2	3	4	5	6
所学专业对以后学习工作帮助程度	1	2	3	4	5	6

Q13. 你对学校教辅设施的综合评价是

	很满意	满意	一般	不满意	很不满意
本专业教学条件	1	2	3	4	5
本专业教材选用	1	2	3	4	5
本专业图书资料	1	2	3	4	5
本院系教务人员管理与服务	1	2	3	4	5

Q14. 你认为本专业学生的学习风气（　　）。

1. 好　　　2. 较好　　　3. 一般　　　4. 较不好　　　5. 不好

Q15. 你认为本专业在哪些办学条件上应加强？（可多选）（　　）

1. 加强实验室建设　　2. 加强实习基地建设　　　3. 购买图书资料

4. 加大经费投入　　　5. 其他_____

Q16. 你是否愿意毕业后继续从事与本专业有关的学习与工作？（　　）

1. 愿意　　　2. 不愿意　　　3. 视情况而定

Q17. 如果你的亲戚或朋友要报专业，你会建议他报考你所学专业吗？（　　）

1. 强烈建议　　　　2. 视情况而定　　　3. 不会建议　　　4. 坚决反对

Q18. 你认为社会对你所学专业毕业生的需求情况？（　　）

1．许多地方需要　2．局部需要　3．靠自己去找　4．潜在需要　5．基本不需要

Q19．你对本专业的信心度如何？（　）

1．很有信心　　2．有信心　　　3．一般　　4．无信心　　5．很没信心

Q20．影响对本专业信心度的原因主要来自哪些方面？（可多选）（　）。

1．专业实力　　2．专业前景　　3．科研情况　　4．学校实力

5．自身能力　　6．学习风气　　7．考研情况　　8．就业情况

9．社会认可

Q21．你对大学生活、学习还有哪些期望，对班主任、辅导员或任课教师有何建议？